阅读成就思想……
Read to Achieve

心理咨询与治疗经典译丛
东方明见心理咨询系列

心理咨询
的个案概念化

［美］特雷西·D.伊尔斯（Tracy D. Eells） 著

游琳玉 赵春晓 译

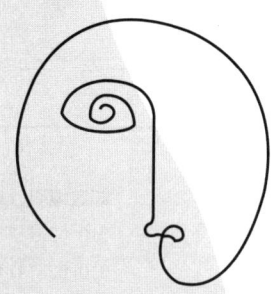

Psychotherapy
Case Formulation

中国人民大学出版社
· 北京 ·

图书在版编目（CIP）数据

心理咨询的个案概念化 /（美）特雷西·D. 伊尔斯（Tracy D. Eells）著；游琳玉，赵春晓译. -- 北京：中国人民大学出版社，2025. 8. -- ISBN 978-7-300-34165-1

Ⅰ．B849.1

中国国家版本馆 CIP 数据核字第 2025GJ5282 号

心理咨询的个案概念化

［美］特雷西·D. 伊尔斯（Tracy D.Eells） 著
游琳玉 赵春晓 译
XINLI ZIXUN DE GEAN GAINIANHUA

出版发行	中国人民大学出版社		
社　　址	北京中关村大街 31 号	邮政编码	100080
电　　话	010-62511242（总编室）	010-62511770（质管部）	
	010-82501766（邮购部）	010-62514148（门市部）	
	010-62511173（发行公司）	010-62515275（盗版举报）	
网　　址	http://www.crup.com.cn		
经　　销	新华书店		
印　　刷	天津中印联印务有限公司		
开　　本	890 mm×1240 mm　1/32	版　次	2025 年 8 月第 1 版
印　　张	8.25　插页 1	印　次	2025 年 8 月第 1 次印刷
字　　数	160 000	定　价	69.90 元

版权所有　　侵权必究　　印装差错　　负责调换

东方明见心理咨询系列图书编委会成员

（按照姓氏拼音顺序排名）

段昌明　樊富珉　贾晓明

江光荣　钱铭怡　桑志芹

汤　梅　王建平　谢　东

东方明见心理咨询系列图书总序

江光荣

华中师范大学二级教授

湖北东方明见心理健康研究所理事长

中国心理学会评定心理学家（第二批）

我国的心理健康服务正迎来一个大发展的时期。2016年国家22部委联合发布的《关于加强心理健康服务的指导意见》规划了一个心理健康服务人人可及、全面覆盖的发展目标。大事业需要大队伍来做，而且还得是一支专业队伍。但目前我们面临的挑战是，这支队伍"人不够多，枪不够快"。推进以专业化为焦点的队伍建设是当前和今后一段时间我国心理健康服务事业发展的关键工程。

湖北东方明见心理健康研究所（以下简称东方明见）作为心理健康领域的一家专业机构，能够为推进心理咨询与治疗的专业化做点什么呢？我们想到了策划出版心理健康、心理服务领域的专业图书。2017年4月在武汉召开"督导与伦理：心理咨询与治疗的专业化"学术会议期间，一批国内外专家就这个想法进行了简短的讨论，大家很快就达成了共识：组成一个编委会，聚焦于心理咨询与治疗的学术和实务领域，精选或主编一些对提升我国心理健康服务专业化水平有价值的著作，找一家有共同理想的出版机构把它们做出来。

之所以想策划图书，我们觉得我们具有某种优势，能在我们熟悉的领域挑选出一些好书来。我们熟悉的领域自然就是心理学，尤其是心理咨询与治疗。我们的优势是什么呢？一是人，我们自己就是在心理学领域深耕多年的人，我们认识这个领域很多从事研究、教学以及实务工作的国内外专家学者，而且要认识新人也容易。二是懂，我们对这个领域中的学问和实务，对学问和实务中的问题，比一般出版人懂得多一些。有了这两点，我们就比较容易解决出书中的"供给侧"问题。至于"需求侧"，虽然我们懂的没有"供给侧"那么好，但也还算心中有数。尤其是我们编委会中的多位成员也是中国心理学会临床心理学注册工作委员会的成员，这些年他们跟政府主管部门、行业人士、高校师生以及社会大众多有互动，对中国心理学应用领域的需求、心理服务行业发展热点问题，以及对新一代心理学人的学习需求，都有一定的了解。

我们的想法是，不求多，也不追求印数，但专业上必须过关，内容求新求精，同时适合我国心理健康服务行业的发展阶段，以积年之功，慢慢积累出一定规模。

另外，还要感谢东方明见心理咨询系列图书编委会的诸君，我们是一群多年相交、相识、相爱的心理学人，我们大家对出版这个书系的想法一拍即合，都愿意来"冒失一回"。

感谢美国心理学会心理治疗发展学会（SAP，APA第29分会）和国际华人心理与援助专业协会（ACHPPI），东方明见的这两个合作伙伴对这项出版计划给予了慷慨的支持，使我们有底气做这件相当有挑战性的事情。

感谢中国人民大学出版社阅想时代愿意和我们一道，为推进我国心理咨询与治疗事业贡献自己的力量。

推荐序

贾晓明

北京理工大学教育学院　教授

中国心理学会临床心理学注册工作委员会　主任委员

个案概念化：用专业视角讲述当事人的故事

在多年从事心理咨询与治疗工作的过程中，我深刻认识到个案概念化是临床工作中极为关键的环节，也是心理咨询专业人员必须具备的核心能力。个案概念化不仅具有挑战性，还蕴含着创新性。这一形成个案概念化的过程是咨询师与当事人共同构建关于其生命经历的叙事的过程。简而言之，就是通过专业的视角，将当事人的生活片段整理成一个连贯的故事，从而更好地理解他们所面临的困境，并在此基础上激发希望，推动改变。

为什么个案概念化如同"讲故事"

在实际咨询中，每一位当事人都带着各自独特的人生经历走进咨询室。他们的困扰犹如一颗颗零散的珍珠，咨询师的任务便是依据专业理论，结合当事人提供的信息，将这些碎片化的片段串联成一个逻辑通顺的故事。本书将个案概念化细化为一套可操作的步骤，从梳理问题清单，到评估诊断，再到提出解释性假设，直至制定干预方案，这一过程与讲故事极为相似。具体而言，就是先梳理故事中的人物矛盾冲突（问题清单）；确定故事的主题（诊断）；探究角色行为背后的动机（解释性假设）；最终设计故事的高潮和结局（干预方案）。

本书的第 2 章创新性地运用了卡尼曼的双系统理论，详细阐述了咨询师如何在"快思考"和"慢思考"之间找到平衡，避免出现认知错误。在形成个案概念化的过程中，咨询师既需要具备严谨的思维（系统 2），也需要具备敏锐的感知力（系统 1）。只有这样，才能更好地讲述当事人的故事，从而更有效地推动治疗进程。

如何讲好这个故事

考虑文化因素。本书的第 3 章着重强调了文化敏感性的重要性。文化背景如同故事的大背景：当事人的宗教信仰、所属族群、不同代际之间的价值观差异等，都是故事中不可忽视的"隐藏元素"。若不考虑这些因素，构建的故事将脱离实际，缺乏根基。

以证据为依据。本书整合了发展心理学、精神病理学及认知科学等多领域的研究成果，搭建起一个循证、整合的概念化工作框架。在第 7 章中，以素质 – 压力模型作为基础整合性框架，详细描述了如何根据理论与证据提出解释性假设，既根植于严谨的科学研究，又紧密贴合临床实践需求。书中以罗谢勒的案例贯穿始终，生动展示了如何将理论、研究证据和实践相结合，使整个故事既专业又生动。

保持合作开放。个案概念化是一个动态过程。在咨询过程中，随着信息的不断丰富，咨询师需要不断调整所形成的概念化。咨询师与当事人的合作贯穿始终，从信息收集到干预方案的设计，始终是双方共同探索的过程，而非咨询师单方面的强加。

这本书的独特价值：实用的故事创作指南

与那些晦涩难懂的理论书籍不同，本书更像一个"概念化工具包"，具有极高的实用性。其独特价值体现在以下三个方面。

- **咨询师的自我警醒**。第 2 章关注到咨询师自身可能存在的认知偏差，提醒我们，即使故事本身精彩，若讲述者带有偏见，故事的真实性也会大打折扣。
- **详细的操作示范**。通过对罗谢勒案例的深入分析，以及不同流派视角的对比展示，读者可以直观地学习如何将抽象的理论应用于实际工作。
- **通俗易懂的语言**。本书倡导使用白描手法代替专业术语，这一点至关重要。只有用简单、真诚的语言表达，才能让当事人真正理解，实现有效的沟通。

个案概念化的最终目的并非完成一份完美的报告，而是通过"讲故事"的方式，帮助当事人重新发现那些被问题掩盖的自身潜力。正如本书结语所述，希望每一位读者都能借助这本书走进当事人的内心世界，用专业知识和温暖的关怀，陪伴他们开启更好的生活。

本书不仅是一本可以随时查阅的实用手册，更是一份邀请函，邀请我们以更加谦逊的态度去倾听每一个独特的生命故事。感谢游琳玉、赵春晓两位青年学者的精心翻译，相信阅读此书的读者将踏上一段理解自我、理解他人的新旅程。

2025 年初夏于北京

译者序

衷心感谢东方明见对我们的信任，邀请我参与本书系的翻译工作。与东方明见的结缘始于 2019 年左右，彼时注册系统大会在武汉举办，我参加了第六期督导师培训项目，与东方明见的伙伴们展开了高密度的交流与互动。此后，因诸多因缘际会，我结识了春晓。当接到合作邀请时，我既感到欣喜与期待，又心怀一丝惶恐，唯恐辜负这份信任。

关于"Case Formulation"一词的翻译

如何选择"case formulation"对应的中文翻译，是我在接手项目伊始便陷入的困惑，直至交付初译稿，甚至在撰写这段文字时，仍在反复斟酌。查阅大量相关文献后，问题似乎愈发复杂。在诸多文献中，"个案概念化"与"个案解析"常交替使用，尽管表述不同，却似乎指向同一概念，如"case formulation, or case conceptualization"[1]之类的表述屡见不鲜。

---

[1] Upsdell, T. (2017). Case formulation: A practical guide for beginners. In N. J. Pelling & L. J. Burton (Eds.), The elements of psychological case report writing in Australia (pp. 18–28). Routledge. https://doi.org/10.4324/9781351258043-3

心理咨询的个案概念化

弗朗切斯科·加齐洛（Francesco Gazzillo）于2021年指出，"个案解析"（case formulation）应是一幅完整且连贯的画面，涵盖当事人在心理咨询中所追求的目标、阻碍其达成目标的因素，以及其为实现目标所采取的行动[①]。《美国心理学会临床心理学辞典》（APA Dictionary of Clinical Psychology）将"概念化"（conceptualization）定义为"从经验或所学材料中，通过思维过程和语言表达，将经验或所学材料形成为概念或观念（尤其是抽象性质的）的过程（p.129）[②]"。由此可见，"个案解析"是一个更为宽泛的概念，侧重于从实务层面进行整体勾勒并提出干预策略；而"概念化"则侧重于基于对当事人的理解，提出一个理论构想。

在本书前言的最后一段，作者提到："希望它能为你对当事人进行概念化（conceptualization）、制定治疗方案提供一个有用的工作框架。"这表明个案解析为个案概念化提供了工作框架，与前文关于二者差异的论述相呼应。若要进一步细分，"个案解析"更侧重于过程或行动，而"个案概念化"更侧重于结果或状态。二者的关系在于，在个案解析的过程中可以形成个案概念化，但个案解析并不局限于概念化，而是要在概念化的基础上设计干预方案。

然而，总体而言，"个案概念化"与"个案解析"实则是两个大同小异的概念。在本书中，如何翻译似乎成了译者自主选择的

[①] Gazillo, F., Dimaggio, G., & Curtis, J. (2021). Case Formulation and Treatment Planning: How to Take Care of Relationship and Symptoms Together. *Journal of Psychotherapy Integration*, 31 (2), pp.115–128.

[②] 原文是：the process of forming concepts or ideas, particularly those of an abstract nature, out of experience or learned material using thought processes and verbalization.

问题。在与春晓的讨论中，考虑到国内实务人员的用语习惯，我们最终决定将"case formulation"翻译为"个案概念化"，而当"formulation"单独出现时，则根据具体语境进行翻译[①]。

本书的特色

特色一：完整全面，启发性强。本书所称的"完整全面"，并非指内容面面俱到，而是指对当事人与咨询师的同时关注，尤其是对咨询师的提醒。《思考，快与慢》一书或许大家已耳熟能详，若之前阅读过，那么在阅读本书第 2 章时，定会感到似曾相识。本书专门用一整章篇幅讲解丹尼尔·卡尼曼（Daniel Kahneman）提出的系统 1 和系统 2 如何在咨询师进行个案概念化时发挥作用，尤其是系统 1 的"误导"作用。阅读这一章的过程，常常是在不断陷入"误区"后又努力走出的过程，有时甚至会忍不住拿出纸笔进行演算，既烧脑又令人回味无穷。

在个案概念化以及咨询实务中，我们往往习惯将关注焦点放在当事人身上。本书第 2 章创新性地应用丹尼尔·卡尼曼的相关理论，将目光聚焦于咨询师，提醒咨询师是否受到系统 1 和系统

---

① 在撰写译者序时，我突发奇想，向 DeepSeek 提出了一个问题："'case formulation'和'case conceptualization'有何异同？"DeepSeek 给出了一份较为全面的回答，然而其回答的开篇便令人忍俊不禁："在心理学和心理咨询领域，'case formulation'（个案概念化）与'case conceptualization'（个案概念化）常被提及，二者既有重叠之处，也存在区别。"明明是两个具有不同含义的术语，却使用了完全相同的中文翻译。这一有趣的插曲不禁让我感慨：至少在短期内，人工智能似乎还难以完全取代人类的专业判断与精准表达。

2 的影响，尤其是在个案概念化过程中是否陷入认知误区。

特色二：短小精悍，通俗易读。与心理咨询理论中的鸿篇巨制相比，本书堪称短小精悍的手册书，堪称"麻雀虽小，五脏俱全"。其语言凝练，可读性强，没有复杂的措辞和晦涩的词汇，无论读者属于哪个理论流派，都能从本书中有所收获。

本书不仅在行文表述上通俗易懂，作者对咨询师进行个案概念化时的用语要求也强调"通俗易懂"。在第 5 章中，作者特别提到，个案描述的语言应去理论化，尤其在描述当事人所面临的问题时，白描手法往往比使用专业术语更为妥当。这一观点也给我带来了极大的启发——不应沉迷于术语，而应回归到人本身。

特色三：手把手示范，操作性强。书中包含大量案例，辅助读者理解相应内容，并示范如何将理论知识应用于实务过程。作者常常在阐述一段理论后，随即"举个例子"予以说明。若读者在阅读某些难懂的句子时感到困惑，无需着急或担忧，继续阅读下去，通常会看到作者给出一个贴切的事例，让人豁然开朗。

特色四：案例生动，贴切理论。除了穿插在文中的各种举例，本书引入了一个当事人罗谢勒的案例，并将其贯穿于个案概念化的每一个环节。作者并未偏袒任何一个流派，而是列举了当前主要的流派，并从它们的视角分别进行解析示范。本书具有跨流派的适用性，无论哪个流派的咨询师，都可以将本书作为参考书。

推荐使用方法——"生成式个案概念化"

鉴于本书是一本实用性、操作性极强的"工具书"，"使用"

无疑是发挥其最大价值的最佳方式。在翻译本书的过程中，我逐渐构思出如下使用步骤。

第一步：提取要素，构建模板。强烈建议读者在通读完全书后，基于本书内容制作一份空白的个案概念化报告模板。围绕罗谢勒的案例，结合书中的指导，将对应内容填入这份报告，逐步生成对罗谢勒的个案概念化。

第二步：完善内容，解析练习。再次回到罗谢勒的案例，根据自身的受训背景和兴趣点，修改、调整、完善原书中对罗谢勒的个案概念化。如有机会，还可与身边的同行或督导共同讨论修改，将这份报告从"标准版"打造成"独创版"。

第三步：转化实战，日益精进。将"独创版"作为个人进行个案概念化的"母版"，根据实际接待的个案，撰写对应的个案概念化报告。

当然，这只是一个初步设想，也欢迎大家积极探索属于自己的使用方法。

翻译团队与致谢

这是第一次由我主导一整本书的翻译工作。读一本书与翻译一本书，完全是两种截然不同的体验，整个过程既有挑战，也有惊喜。在翻译过程中，我主要负责本书前半部分的翻译以及第二部分的修改校对工作，春晓负责第二部分的初稿翻译以及与编辑老师的沟通联络。此外，我们还邀请了我的同事吴雨涵以及春晓的学生对译稿进行批判性审读。在此，感谢编辑老师张亚捷在翻译过程中付出的辛勤努力，也再次感谢每一位为翻译本书提供帮助的人！

尽管我们努力追求"信、达、雅"，但由于译者本人的理论素养、实务经验、文字水平以及时间限制等诸多因素的制约，本书仍可能存在诸多不完善之处，恳请各位读者多多包涵。同时，我们诚挚邀请大家一同踏入本书所构建的小宇宙，遵循作者精心设计的航线图，逐步深入当事人的内心世界，并引领当事人迈向更加美好的生活！

游琳玉

2025 年 3 月于玲珑公园

前言

我第一次接触心理咨询的个案概念化是我在北卡罗来纳大学教堂山分校读研究生时，我仍记得我第一次面向成人当事人的实习经历。当事人是一个30多岁的男性，他因为可能伴有抑郁障碍而被转介过来。在和他会面之前，我和我的督导师一起回顾了转介信息。然后，督导师建议我"进去了解下情况"。我不太明白这是什么意思，但还是进去了，按照一个大纲进行了对话。我问他是什么原因使他来诊所、他有哪些症状，以及他从什么时候开始感觉不好。我们谈论了他过去的心理健康护理情况、疾病史以及发展、社交和职业历史。一个小时后，我们约定续约，然后结束了这次咨询。我的督导师一直观察着整个咨询过程，他把我的努力描述为"扎实靠谱"，我认为他言下之意是"虽不够精妙，但对于第一次做咨询来说已经足够好了"。

接下来，我被要求完成一个入院表。表格里的大部分内容很简单，只需我在这些标题下总结我刚刚收集到的信息，如主诉、心理健康护理历史，等等。但是接下来我看到了一个标题为"个案概念化"的部分，而我对这个部分该如何处理几乎没有头绪，因为我所学习过的课程中都没有明确讲授个案概念化。由于我是在医院实习，因此觉得概念化是精神科培训的一部分，但后来我了解到，我的精神科同事对如何处理这个部分也和我一样感到困惑。我粗略地借鉴了心理动力学理论的内容简单地写了几行，并签署了表格。之后没有收到任何评论，我就以为一切都没问题了。

回顾这次首次面谈，我发现当时"了解情况"这个指示虽然让我困惑，但却是明智的建议。我理解这句话的意思是"去理解个体独特的心理场，试图从他们的视角看世界，并绘制一张地图来帮助指导治疗"，然而，我也认识到了在会谈和绘制这张地图时提供更明确的指导的价值。

这一次以及之后类似的实习经历最后成为我个人职业生涯研究兴趣的起点，即研究个体心理过程和心理咨询的个案概念化并以此作为帮助理解处于困扰中的个体的工具。我对个体心理功能的兴趣最初体现在我的一篇关于弗兰兹·卡夫卡（Franz Kafka）的亲密关系能力发展的案例研究论文上，这篇论文由亚安·瓦西纳（Jaan Valsiner）指导，他是一位对个体心理发展具有广泛知识和浓厚兴趣的发展心理学家。后来，我师从玛迪·霍洛维茨（Mardi Horowitz），在加利福尼亚大学旧金山分校的"意识和无意识心理过程项目"从事博士后研究，该研究聚焦创伤后应激障碍或病理性悲伤患者的深度心理干预。我学习了构形分析（Horowitz, 2005），这为个案概念化提供了许多有益的信息。

有了这些经历，我开始认识到心理咨询的个案概念化是心理咨询培训和实践的重要组成部分。几乎所有治疗理论的专家都用诸如"关键概念"（Bergner, 1998）、"循证治疗的核心"（Bieling & Kuyken, 2003）、"治疗的首要原则"（J. S. Beck, 1995）以及填补"诊断和治疗之间的差距"（Horowitz, 1997, p. 1）等术语来描述个案概念化。同样，心理健康领域的专业组织将个案概念化视为"核心能力"（美国精神医学学会和神经病学职业委员会，2009）、"核心技能"（临床心理学分会，2001）以及循证实践的关键组成部分（美国心理学会循证实践专业工作组，2006）。对个案概念化的认可在近年来多本书籍和期刊文章等出版物中得到体现（e.g., Eells, 2007a; Goldfried, 1995; Horowitz, 2005; Ingram, 2012; Kuyken, Padesky, & Dudley, 2009; Persons, 2008; Sperry & Sperry, 2012; Sturmey, 2008）。这些出版物大多从单一理论视角呈现个案概念化，并将该理论应用于个案概念化，只有少数出版物明确采用综合方法（e.g., Caspar, 2007; Goldfried, 1995; Jose & Goldfried, 2008; Sperry & Sperry, 2012）。

本书描述了一个本质上基于循证且整合的个案概念化通用模型。该模型旨在适应任何疗法理论、任何具体治疗手册或理论手册的任何组成部分。它既适用于简单明了的案例，也适用于涉及生活中多个领域的多个问题和多个诊断共病的案例。本书的循证基础体现在以下三个方面：第一，它所强调的个案概念化的理论是有循证支持的；第二，书中所描述的解析过程整合了个案概念化的专业知识与增强合理推理的具体步骤；第三，该模型没有局限于心理咨询，而是融合了心理科学领域中相关的循证证据，这些证据包括发展心理学、精神病理学、流行病学和认知科学等领域的研究结果，这些结果可以帮助解释当事人的问题并指导治疗。本书的取向与美国心理学会关于心理学循证实践的观点是一致的，即"在当事人特征、文化和偏好的背景下，将最佳可用研究与临床专业知识进行综合"(美国心理学会循证实践专业工作组，2006，第273页）。

本书源于多年来我教授临床心理学研究生和精神病学住院医师心理咨询案例分析的经验。刚开始的时候，我会讲授好几种个案概念化模型，并认为学生们会根据他们当事人的需求、证据和理论兴趣从中选择最适合的方法。然而，有时课程结束时，有学生会来找我问："好了，我现在知道了好几种个案概念化模型，但我应该用哪一种呢？"我还观察到新手咨询师很难将理论应用到个案上，他们经常对当事人有各种各样的想法，但难以将这些想法组织排序。他们会问我："我该怎么开始个案概念化？""我应该把我对当事人问题的看法放在哪里？"这本书就是我对这些问题的回答。

这本书的主要读者是正在学习心理咨询的研究生，包括临床和咨询心理学研究生、精神病学住院医师、社会工作专业学生和其他任何正在学习心理咨询的人。我希望有经验的咨询师也能从这本书中受益，也希望那些阅读其他相关著作的人会发现本书与那些著作是相互补充的。

我发现预设一个特定类型的读者对于我写作本书很有帮助。不管以下描述是否是你，我觉得描述一下我的"理想读者"可能会很有意思。这个理想读者拥有广泛的兴趣，怀有好奇和怀疑的态度，他非常重视简单化的个案概念化，只要这种解析足以提供工作方向，并能根据需要增加复杂性，此外，也看重那些能够指导一个人确定信息量是否足够的工具。这名读者看重用多样化的观点来解释为什么当事人来接受治疗、他们为什么有问题以及什么可能对他们有帮助;这名读者可能不想选择一套单一的观察当事人的角度;这名读者重视广泛的心理科学基础,包括心理咨询科学、关于过程和结果的洞察,以及有实证支持的治疗方法的价值;当然,这名读者也重视通过实践、学习、反馈和反思获得的艺术;这名读者正在寻找一种知识组织的基础模型,以便在治疗他们的当事人时使用。这就是我心中的那个人。

需要提醒所有读者的是:这本书涵盖了许多细节,在阅读时你可能会感到纳闷——个案概念化未免过于烦琐和耗时。然而,只要多加练习,这种方法并不难以使用。你并不需要为每位当事人撰写冗长的个案概念化,也不需要考虑书中描述的所有细节。实际上,你学习本书更重要的目标是培养一种系统的个案概念化框架来指导自己的治疗。

本书的结构

这本书分为两个部分,共九章,为读者提供了基于循证的整合心理咨询的个案概念化的基础知识,包括个案概念化的具体步骤以及对个案概念化进行评价的标准。本书的第一部分为一般化个案概念化模型的背景性内容,第二部分则具体描述这个个案概念化模型。

第1章对个案概念化进行了定义,罗列了其优点,并提出了概念化时应追求的目标。本章简要介绍了个案概念化的历史,并讨论了对个案概念化的当代影响。我在这一章引入了一个案例,并会在第二部分作为例子使用。在第1章的最后,我讨论了咨询师在个案概念化过程中必须应对的关系张力。

第 2 章聚焦于个案概念化中的合理推理，大量借鉴了认知科学对决策制定的研究成果。关于决策，学者们一般持有两种观点。第一种观点的代表人物是丹尼尔·卡尼曼等人（Kahneman, 2011; Kahneman, Slovic, & Tversky, 1982）以及保罗·E. 弥尔（Paul E. Meehl, 1954, 1973a, 1973b），他们对专家和临床意见在预测结果方面的能力持高度怀疑态度，并对专家的能力表现超过非专家的能力或统计公式持怀疑态度。另一种观点，由 K. 安德斯·埃里克森（K. Anders Ericsson）、尼尔·查内斯（Neil Charness）、保罗·J. 菲洛维奇（Paul J. Feltovich）和罗伯特·R. 霍夫曼（Robert R. Hoffman）进行最全面的总结（2006），他们承认专家在自然情境下的高水平表现，并试图理解这些专家为什么能够如此出色地表现。第 2 章旨在鼓励读者在生成解释性假设或对当事人进行其他推断和预测时以一种合理而复杂的方式思考。

第 3 章讨论了文化敏感式个案概念化。在定义关键概念之后，首先呈现了个案概念化的文化视角，并提出将文化纳入个案概念化时要考虑的领域。其次，这一章还考虑到了当事人的宗教和精神性取向对个案概念化的影响。最后，为帮助咨询师制定出符合文化、宗教和精神性需求的解析提供了一些建议。具体关于如何将文化纳入个案概念化的步骤将放在第 7 章进行具体讨论。

第 4 章介绍了循证基础的整合心理咨询背景下的个案概念化通用模型。该章提出了整合性思考的依据，并将基于个案概念化的治疗方法与未基于个案概念化的方法进行对比，概述了个案概念化模型的四个行动导向基本成分，这些成分包括建立问题清单、诊断、生成解释性假设和制订治疗计划。该章还讨论了在进行解析时需要对哪种类型的信息进行收集以及如何收集相关信息，这既涉及所需信息的类型，也涉及信息收集的过程。我描述了将解析应用于治疗的基本原则，以及为什么在每次会谈基础上从实证角度监测咨询进展很重要。

第二部分针对综合和基于实证的个案概念化模型进行了详细描述。这一部分从第 5 章开始，该章重点讨论如何创建一个全面的问题清单，包括如何创建问题清单以及为什么要这样做。本章还讨论了什么是"问题"（problem），并提出了选择和组织问题的方法，并对问题解析提出了建议。

第 6 章试图将精神疾病诊断纳入视野，展现了诊断的局限性以及为什么将其纳入个案概念化中仍然有用。该章讨论了什么是精神障碍、精神疾病诊断在心理咨询中的作用、其对社会的影响，以及它在个案概念化中的独特贡献。

第 7 章讨论了如何生成解释性假设。由于许多学生觉得这是个案概念化中最具挑战性的部分，我将在这一章一步一步地描述这个过程的具体步骤。该章展示了如何阐述为什么当事人会遇到问题、有哪些诱发因素以及哪些因素导致这些问题得以维持。首先，该章提出了精神病理学的素质-压力模型，这是一个强大、持久且全面的综合解释框架。接着该章还回顾了心理咨询的主要理论和个案概念化的证据来源，详细阐述了第 1 章所提到的过去与当下对个案概念化的影响。该章最后讨论了在生成解释性假设时要遵循的五个步骤。它们分别确定：

（1）诱因；

（2）问题的起源；

（3）当事人的资源；

（4）当事人的困难；

（5）核心假设。

第8章提出了一个三个步骤的治疗计划模型：评估治疗的设定点，确定治疗目标，并选择实现这些目标的干预措施。设定点是指预示和限制治疗的习惯性心理和人际状态。设定点的讨论具体包括当事人的抗拒、偏好、文化、宗教、精神性因素以及对改变的准备程度。至于治疗目标，我区分了终点目标、结果目标、短程目标和中程目标，这些目标旨在实现期望的效果。该章还介绍了三种组织治疗干预的方法。

最后，第9章介绍了评估个案概念化质量的标准，并描述了如何应用这些标准。这些标准强调了解析的形式与内容，以及解析的理论和证据基础。

希望你能觉得本书有吸引力并且有可读性，希望它能为你对当事人进行概念化、制定治疗方案提供一个有用的工作框架，并且无论你的理论取向是什么，它都适用。总之，我希望本书能够帮助你强化咨询效果，更好地为当事人提供服务。

目录

第一部分　理解心理咨询的个案概念化的背景

第1章　定义个案概念化：优势、目标、历史和影响　/ 003

什么是心理咨询的个案概念化　/ 007

为什么要进行个案概念化　/ 010

影响个案概念化的历史因素与当前因素　/ 011

个案概念化的内在张力　/ 020

第2章　如何在个案概念化时进行理性决策　/ 025

系统1和系统2　/ 027

影响个案概念化的一些认知启发式　/ 033

在什么情况下我们可以相信直觉　/ 043

在个案概念化中进行理性决策的几点建议　/ 049

第3章　构建文化敏感的个案概念化　/ 051

概念界定：文化、人种、种族和少数族群　/ 052

文化普遍主义与文化相对主义　/ 055

为什么要在个案概念化中考虑文化因素　/ 056

疾病表达的文化差异　/ 059

宗教和精神性　/ 061

文化敏感的个案概念化模型　/ 062

怎样制定一个文化敏感的个案概念化　/ 064

第4章　整合心理咨询背景下的个案概念化　/ 067

以整合性的方式进行个案概念化的原因　/ 067

以循证的整合性个案概念化为导向的心理咨询　/ 072

第二部分　基于循证的整合式个案概念化模型

第5章　步骤1：创建问题清单　/ 085

为什么要创建问题清单　/ 086

什么是问题　/ 087

系统组织问题的工作框架　/ 088

罗谢勒的问题清单　/ 094

关于如何进行问题解析的建议　/ 094

第6章　步骤2：诊断　/ 098

需要诊断的理由　/ 103

什么是精神障碍　/ 105

罗谢勒的诊断　/ 108

在个案概念化中进行诊断时的注意事项　/ 110

第7章　步骤3：生成解释性假设　/ 112

素质−压力模型作为一个基础的整合性框架　/ 113

个案概念化中解释的来源之一：理论 /115
个案概念化中解释的来源之二：证据 /127
提出解释性假设的步骤 /134

第8章　步骤4：制定咨询方案 /163

评估咨询的设定点 /165
确定咨询目标 /177
制订干预计划以实现结果目标 /181
关于制定咨询方案的建议 /184

第9章　评估个案概念化质量 /187

关于个案概念化质量的研究 /187
个案概念化质量量表 /194
个案概念化过程的评估清单 /199

结语 /203
参考文献 /205

第一部分

理解心理咨询的个案概念化的背景

第1章

定义个案概念化：优势、目标、历史和影响

你如何知道在心理咨询中该做些什么？当你坐在一位苦苦寻求帮助的人面前时，这个人可能正指望你能为他指明未来的方向。在这个情境中，你如何知道该做些什么？这是我在教授个案概念化时问心理咨询专业同学们的问题。在继续阅读这本书之前，你可以按照我在课堂上要求学生做的那样，花一两分钟写下你的答案。

你的答案是什么呢？我的回答是我们永远不能确定下一步最好的做法是什么，无论是提问、共情式倾听、建议进行练习、提供观察结果、给予建议、进行澄清，或其他的各种可能性。虽然我们不能确定该做什么，但我们仍然可以始终有一个计划。计划就是准备工作，我相信准备工作会增加咨询师在治疗中做出有用反应的机会。计划是个案概念化发挥作用的地方。但计划包括什么内容，也就是计划从何而来？我提出了三个关于计划的信息来源：理论、实证和专家实践。在这本书中，我会描述每个信息来源。现在，我们暂且考虑以下这个案例，该案例是由精神病学四年级住院医师在一个解析课堂上介绍的案例综合。想象一下，如

果你在治疗这个当事人，你会做什么，以及为什么会这样做。

　　罗谢勒今年 41 岁，是一位已婚的白人女性，上过两年大学。她目前没有工作，之前曾担任过护士助理。她有两个在世的孩子：一个 16 岁的女儿和一个 7 岁的儿子，两个孩子的父亲都不是她现在的丈夫。她的第一个孩子是个儿子，5 年前死于一场车祸，年仅 20 岁。她告诉你，这个儿子是她 16 岁时遭受性侵犯后所生的孩子。

　　罗谢勒与她的第三任丈夫一起生活，这个丈夫只做一些兼职工作，并且有药物依赖问题。他们与罗谢勒丈夫的姐姐共同拥有一栋房屋，姐姐也和他们一起居住，还有罗谢勒的两个健在的子女。

　　罗谢勒的家庭医生将她转介给你，她陈述自己有抑郁障碍，在许多情况下都感到焦虑，睡眠困难，疲惫不堪，还有慢性头痛等问题。此外，她的糖尿病也无法得到有效控制。

　　她在咨询中陈述时眼含泪水，她怀疑丈夫出轨，并且她愤怒地用钥匙划伤了他的车。她还提到她丈夫的姐姐计划搬离，与一位新男友一起生活，因此将不再为房屋支付任何费用。罗谢勒曾经有过自杀的念头，但没有实际尝试过。她曾两次入住精神疾病医院治疗。这两次住院都是在 10 年前的事情了，并且都是在她扬言服药过量之后。

　　她在一个完整的天主教家庭中长大，婚姻冲突在她的童年时期非常严重。她的父亲在一家工厂有比较稳定的工作，收入足以养活全家。她的母亲是一名家庭主妇。罗谢勒能回忆起家里到处都是酒精饮料。目前,她几乎没有朋友,但她觉得与她现有的朋友关系密切。她抱怨自己很少见到她的朋友,因为她的丈夫希望她待在家里。

在第一次会谈中,罗谢勒表示她对治疗持有积极的态度,但她没有履行第二次预约,并且没有提前打电话取消预约。

罗谢勒的病例引发了许多关于她的症状、问题、诊断、行为解释以及选择治疗取向的疑问。就她的症状和问题而言,有以下几个疑问:

- 她的主要问题是什么,它们之间有着怎样的相互关联?
- 她是否仍然在为她儿子的离世而哀伤?
- 如果这些主要问题能够成功治疗,其他的问题是否也能解决?
- 她的症状是由什么触发的?
- 为什么她选择划伤丈夫的车,而不是寻求更好的解决方案?

诊断疑问包括:

- 罗谢勒的诊断是什么?
- 她是否有重度抑郁障碍或其他的情绪障碍?
- 她是否患有焦虑障碍或人格障碍?
- 她是否符合多个诊断的标准?
- 如果是,哪个诊断应成为治疗的主要焦点?
- 她的心理社会压力源是什么?
- 她的整体功能水平如何?

关于针对她行为的可能性**解释**，可以有这些疑问：
- 她的自我概念是什么？
- 她如何看待其他人？
- 她有什么愿望和恐惧？
- 她的主要应对策略是什么？
- 她的人格整合水平如何？
- 她的自我认同情况怎么样？
- 她有什么自动思维？
- 什么因素会影响她的情绪调节？
- 她的目标是什么，为什么她不能实现它们？
- 她所处的环境（包括人际关系和物理性环境），是怎样影响她的行为的？
- 她当前和过去的家庭动力如何影响她目前的功能？
- 糖尿病是否会影响她的情绪？
- 财务状况发挥着什么样的作用？
- 她有哪些优势？
- 她自杀的风险有多大？
- 文化因素和社会角色期望如何影响她的行为？

针对**治疗方案**的疑问包括：
- 是否有基于实证的治疗或治疗过程可以帮助到她？
- 她需要行为疗法、认知行为疗法、心理动力学疗法、支持性疗法还是其他治疗模式？
- 她需要接受多长时间的治疗？

第 1 章 / 定义个案概念化：优势、目标、历史和影响

- 什么样的短期目标和长期目标对她最有帮助？
- 我们应该从哪个（些）问题开始着手去解决？
- 她能否与我建立稳定的治疗同盟？
- 她的治疗动机水平怎么样？
- 最重要的问题是，她是否愿意或能够接受治疗？

这些疑问是任何治疗罗谢勒的人都应该考虑的，无论这个人的理论取向是什么。人们通常会寻求诊断来解释并指明方向。这在一般的医疗情境中很常见。然而，精神病学的诊断通常是描述性的，大多数情况下不涉及病因，而且在选择治疗类型上提供的指导其实有限，更不用说治疗计划的具体细节方面了。显然，除了诊断之外，我们还需要考虑更多的内容，这就是个案概念化的意义所在。个案概念化提供了一个框架，用于开始组织对上述的问题的答案。

出于从实际角度下进行个案概念化的需要，我们对罗谢勒的情况进行描述并提出上述这些疑问。在这个目的达成后，我们将不再讨论罗谢勒的情况，但在第二部分我们会再次回到她身上。现在，我将继续定义个案概念化，并进一步讨论为什么值得花时间进行解析。

什么是心理咨询的个案概念化

这里有一个有效的定义：心理咨询的个案概念化是一个过程，用于针对个体在其文化和环境背景中的心理、人际和行为问题的

原因、诱因和维持因素，发展假设并制定解决方案的过程。作为一种假设，个案概念化是心理咨询师对当事人问题的最佳解释：当事人为什么会经历这些问题，症状的发生是由什么引起的，以及为什么症状不会被解决而是持续出现。解析包括考虑个体内部因素，如个体的学习历史、信息解释方式、应对方式、自我概念、核心信念以及对世界的基本公理假设。解析会关注个体的行为，包括行为是过度表达还是表达不足、是否符合规范、是否是适应性的或者是失调性的。它还考虑个体与他人的互动方式，个体对他人意图和愿望的基本或自动信念，以及对这些期望的反应。解析还考虑个体的环境，包括文化影响、社会角色、它们之间的冲突情况，以及周围环境对功能性的潜在影响，比如居住社区的安全性、社会经济因素、教育和工作机会等。

个案概念化不仅仅是对历史和当前问题的总结，它还解释了**为什么**个体会有问题。因此，解释性说明是解析的必要组成部分。由于个案概念化侧重于实用性，所以它包括一个治疗计划。制订治疗计划源于生成解释性假设，将当事人问题的概念化转化为解决这些问题的提议，这个提议包括目标、当事人的偏好以及改变的准备情况。

个案概念化既是一个计划，同时也是一个规划的工具。作为一个有效的工具，最好用可验证的术语来对解析进行表述。当验证失败时，就需要修订解析。定期的进程监测，一般可以通过症状和问题测量来实现，这是一种直接测试个案概念化及其实施情况的方法。因为可能当事人对解析会没有反应，或者也有可能不断涌现出新信息，出现新问题，获得新见解，这些变化发展可能需要纳入解析中，因此，解析的修订可能是必要的。正如我们将在第 4 章中看到的，我们描述的个案概念化模型包括一个进程监测步骤，以便评估治疗反应。

个案概念化的过程和内容

个案概念化既有过程方面，也有内容方面（Eells，2007b；Eells & Lombart，2004）。**过程方面**是指咨询师在获取必要的信息以进行解析时所涉及的活动。我会在第 4 章中讨论了这一步骤。**内容方面**涉及确定的问题、诊断、对问题的解释和治疗。我会在第 5 章至第 8 章重点讲述这些步骤。

个案概念化、事件解析和原型解析

个案概念化与心理咨询中的事件解析和原型解析有所区别。事件解析旨在解释治疗中的特定事件或情节，而不是整个治疗过程。它是咨询师试图理解治疗过程中逐渐展开的事件的努力。理想情况下，事件解析与个案概念化一致，并受个案概念化指导，可以确认或否认已有的个案概念化。莱斯特·鲁伯斯基（Lester Luborsky）举了几个例子（1996）来说明会谈中的事件可以被如何理解为个案概念化中的人际冲突，如情绪抑郁的突然转变或流泪等。某些个案概念化的方法，如莱斯利·S. 格林伯格（Leslie S. Greenberg）和朗达·N. 戈德曼（Rhonda N. Goldman）强调（2007）当事人的瞬间情绪体验的方法，则将事件解析与个案概念化融为一体。

心理障碍的**原型解析**是基于对该障碍的理论概念。例如，亚伦·泰姆金·贝克（Aaron Temkin Beck）及其同事将抑郁障碍概念化为以对自己、他人和世界持负面观点为特征，并以特征性的自动化思维、负性情绪和问题行为为标志，这些行为是因为负面模式被压力事件激活而产生的（A. T. Beck, Rush, Shaw, & Emery, 1979）。另一方面，抑郁障碍的习得性无助模型认为，重复的无条件强化经验会导致抑郁障碍，并由此形成一种解释方式，即将负面事件解释为内部个性缺陷导致的全面而稳定的状态，而将正面事件解释为外部因素导致的（Abramson, Seligman, & Teasdale, 1978）。另一种关于抑郁障碍的原型解析是由彼得·M.卢因松（Peter M. Lewinsohn）和玛乔丽·谢弗（Marjorie Shaffer）提出的（1971；Lewinsohn, Antonuccio, Breckenridge, & Teri, 1987），他们认为低积极强化率是抑郁障碍的前因。基于依恋理论的抑郁障碍原型解析则认为，脆弱性是由于早年未能与照顾者建立起安全稳定的关系、反复接收到自己不可爱的信息或真实丧失的经历（Bowlby, 1969）。广泛性焦虑障碍（Behar & Borkovec, 2006）、社交恐惧症（Clark & Wells, 1995）、创伤后应激障碍（Ehlers & Clark, 2000）和边缘型人格障碍（Koerner, 2007）等其他心理障碍也可以提供类似的原型解析。这些原型解析可以作为制定个案概念化的起点（Persons, 2008）。介绍了个案概念化的概念后，接下来我将探讨为什么个案概念化很有用。

为什么要进行个案概念化

罗谢勒的案例生动地展示了为什么人们会希望进行个案概念

化。此外，在概念层面上，进行个案概念化也存在充分的理由。由于解析需要花费时间和精力，而咨询师原本可以利用这些时间进行其他活动，因此就有必要了解为什么咨询师应该花时间进行个案概念化。我觉得有四个理由。第一，个案概念化通过帮助咨询师在每次治疗之间保持在正确的轨道上，监测治疗进展，并在需要改变方向时保持警惕，来指导治疗。它为咨询师提供了治疗的全局视角。正是由于这种规划和引导的功能，个案概念化被比作"地图""蓝图""北极星"，且被视为循证治疗的"核心"。第二，解析增加了治疗的效率。因为有了一个计划，所以咨询师可以从治疗的开始到结束制定一个有效的循证路线。第三，解析结合了当事人所面临的具体情况，对治疗进行量身定制。通过以当事人为中心而不是以治疗为中心的个案解析，可以考虑到正在解决的问题和诊断范围，以及治疗的背景（例如，是否有多位咨询师在为当事人服务，以及是否有过可能失败的治疗史）。第四，精心制定的个案解析应该增强咨询师的共情能力，这是对治疗结果有贡献的一个特质（Elliott, Bohart, Watson, & Greenberg, 2011）。由于个案解析的设计是为了帮助咨询师更好地理解当事人，因此个案概念化有助于共情。

影响个案概念化的历史因素与当前因素

正如心理咨询的实践源于医学一样，现代心理咨询的个案概念化可以追溯到医学检查，而医学检查则源于希波克拉底医学和盖伦医学（Eells, 2007b）。希波克拉底式的医生在考虑诊断时将个体视为一个整体，并鼓励患者积极参与治疗（Nuland, 1995）。他们的前辈们信仰对多神教和病因的神话性解释，与他们相对应的是，希波克拉底式的医生通过观察、推理和相信自然性力量引发疾病而得出结论。他们的病例报告提供了许多关于生理功能的可观察细节，并从这些观察中推理出治疗方案。克劳迪亚斯·盖伦（Claudius Galen）对现代医学的贡献在于他对实验的重视，对身体结构和功能的关注，并以此作为治疗疾病的基础。

与这些早期的医学传统一脉相承，心理咨询的个案概念化依赖于仔细的观察、整体的视角，并将功能性的多个方面纳入考虑，这些功能性的方面包括生物性的、心理性和社会性等方面。盖伦的影响在于对心理结构的推断，例如认知角度的图示概念，特质理论中的特质，以及精神分析中的本我、自我和超我等概念。盖伦的影响还在一些个案概念化取向中强调测试和实验的重要性方面得以体现。

心理学的至少四个现代性发展对心理咨询的个案概念化产生影响。这些发展分别是关于精神病理学的本质和分类、心理咨询理论、心理测量传统以及结构化个案概念化模型。现在我将针对每一个发展进行回顾。

精神病理学的本质和分类

精神病理学在很大程度上就是个案概念化的核心内容。定义和分类精神病理学的第一步是定义什么是"异常"。第6章在讨论诊断在个案概念化中的作用时，会详细讨论这一概念。现在只需注意，对"异常"的定义是一个社会构建的任务，常见的标准包

第 1 章 / 定义个案概念化：优势、目标、历史和影响

括个人困扰、对他人造成困扰的行为、适应压力的能力、偏离正常的理想标准的程度、个性的不灵活性和非理性。对正常和异常的判断是个案概念化任务的核心，它们影响着问题和症状的识别、对这些问题的解释、治疗目标和干预策略，它们为理解特定文化中的当事人提供了一个参考点（例如，它们使咨询师能够将应激反应与正常情况下预期的反应进行比较）。

对精神病理学的主流观点的分类，主要在美国精神医学学会（American Psychiatric Association）所著的《精神障碍诊断与统计手册（第五版）》(*Diagnostic and Statistical Manual of Mental Disorders, DSM-5*)、世界卫生组织所著的《疾病和有关健康问题的国际统计分类（第十版）》(*International Classification of Diseases and Related Health Problems, ICD-10*) 以及它们之前的版本中。从历史上看，疾病分类系统在描述性和病因性两者之间摇摆不定（Mack, Forman, Brown & Frances, 1994）。这种摇摆反映了对描述性模型的不满以及病因性模型的科学缺陷。在 20 世纪，随着埃米尔·克雷佩林（Emil Kraepelin）的描述性精神病学让位于阿道夫·迈耶（Adolf Meyer）和卡尔·门宁格（Karl Menninger）启发下的生物心理社会焦点，以及弗洛伊德对行为的无意识决定因素的强调，这一趋势得以体现。在 1980 年，随着《精神障碍诊断与统计手册（第三版）》的出版，描述性病理学重新受到关注，几乎完全忽视了病因学，这种趋势一直延续到今天。病因考虑的缺失创造了个案概念化试图填补的需求。

多年来，令精神病理学家困惑不已的一个问题是，精神病理学是处于连续的范畴还是一组明确的离散状态。比如一个焦

虑、抑郁或幻听的个体，他与没有焦虑、抑郁或幻听的个体在性质上是有质的区别，还是仅仅是程度上的差异？你对这个问题的答案可以把自己定位于分类主义者阵营或是维度主义者的阵营中（Blashfield & Burgess, 2007）。

分类主义观点认为，心理障碍是一种综合征，它们彼此在性质上与正常状态有着明显的区别。这是"医学模型"观点下的心理障碍，它有如下几个假设：

- 疾病具有可预测的原因、过程和结果；
- 症状是潜在病理结构和过程的表达；
- 医学的首要但并非唯一职责是处理疾病而不是处理健康；
- 疾病基本上是个体现象，而不是社会现象或文化现象。

这是嵌入在 DSM-5、ICD-10 及其前身中的主导模型，尽管 DSM-5 已经采取了一些措施来纳入维度主义的观点。综合征模型的一个缺点是，咨询师经常会遇到患者存在困扰，但没有符合任何诊断类别，或者符合某些障碍的标准，但不足以被诊断为某种障碍（Angst, 2009）。然而，许多人发现分类方法比维度方法更容易使用，因为临床决策往往是具有分类性质的（如是否治疗、使用干预 A 还是 B）。

维度主义观点认为，精神病理学是沿着从正常到异常的一组连续维度存在。正常行为和异常行为之间的区别是程度上的差异，而非质的差异。维度主义者主张，将精神病理学沿着连续维度来观察能更好地反映其在自然状态下的存在，并且命名法的描述目标更适合采用维度方法而非分类方法（Blashfield & Burgess, 2007）。

第 1 章 / 定义个案概念化：优势、目标、历史和影响

维度主义观点的其他优势包括维度可以更容易地进行测量、更好地捕捉亚临床现象并且是理解精神病理学的一种更简明的方式。例如，蒂莫西·J. 特鲁尔（Timothy J. Trull）和谢丽尔·A. 杜雷特（Cheryl A. Durrett）认为（2005），人格的许多变异可以用神经质/负性情绪/情绪调节困难、外向性/积极情绪、非社会化/对抗性行为以及约束性/强迫性/责任感四个维度来理解。这四个维度根植于对人格的几十年研究，并且深深融入了有关人格的理论中（Blashfield & Burgess，2007）。

从分类角度还是维度角度进行思考，会影响个案概念化中对问题的解释和治疗计划。维度主义者使用心理测量工具对大量人群进行评估和测量，从心理测试中得出的相对较少的一组不相关的人格维度来思考。因此，他们将精神病理学视为一个人际间的参照框架（Valsiner, 1986）。从这个角度来看，重点放在个体在感兴趣的维度上的差异，并且理解个案在维度上所处的位置，主要是与其他人在该特质上的位置相比才有意义。从维度主义者的视角出发，咨询师可能更有可能使用规范的人格测试作为评估的一部分，可能提出一组基本特质作为个案概念化的核心，并可能制订旨在改变适应不良特质的治疗计划。另一方面，分类主义者使用更广泛的术语来描述精神病理学，包括 *DSM-5* 中列出的精神障碍的诊断标准。分类主义者可能还更容易通过对社会构建具体化的方式给当事人造成真实的污名化。例如，被告知某人"患有"人格障碍可能会产生副作用，使个体感到气馁，并确认病理信念。另一方面，诊断类别可以通过情境化、交易性和功能性的方式进行构建，有助于个案概念化和计划干预。例如，与其简单地诊断

某人患有边缘型人格障碍，不如构建一个理论，即个体将社交线索误解为被抛弃，导致恐慌、无助和绝望、愤怒和自杀的意念。因此，治疗计划可能包括审视上述各种现象的发生，并考虑更具适应性的解释和解决方案。

这两种观点能够和谐共存吗？在我看来，咨询师不需要在分类和维度两个视角之间做出选择，因为熟悉这两种思维模式会很有帮助。认知科学家发现，我们更容易用类别来思考，这种方式很自然而且快捷。然而，维度取向更为简洁，可以弥补分类系统的不足之处。每一个视角都是有效的，咨询师可以学会轮流使用这两种方法来看待当事人。

心理咨询理论

咨询师的心理咨询理论取向会为个案概念化提供一个解释的框架。我将通过简要和有选择地讨论四种主要的心理咨询模型来考察上述这个命题。这四种模型分别为心理动力学的模型、认知的模型、行为的模型以及人本主义和现象学的模型。

精神分析和心理动力学心理咨询对个性和精神病理学的观点产生了广泛的影响，并为我们理解当事人提供了丰富的概念框架。这些概念包括：决定了大部分意识内容的无意识；基本的心理结构，如本我、超我和自我；现实调解过程的作用，特别是防御机制；对性、攻击性和人类依恋在生活中的作用的看法；以及一种心理发展理论。弗洛伊德还为我们对症状形成以及如抑郁、哀伤和焦虑等特定精神疾病的理解做出了贡献。心理动力学理论改变了我们对精神病学访谈的理解。在弗洛伊德之前，精神病学访谈

第1章 / 定义个案概念化：优势、目标、历史和影响

被简单地视为患者报告症状的机会。现在，我们认识到访谈是一种工具，通过它让当事人除治疗之外的人际关系和其他问题都可以在治疗中得到体现。

与精神分析类似，认知疗法为个案概念化和精神病理学提供了一套术语，并提供了对抑郁、焦虑、物质滥用和人格障碍等病理的标准化描述。描述强调了与特定疾病相关的认知模式、图式、错误的推理过程和核心信念。此外，大量的研究证明了这种方法在广泛的疾病范围内的疗效（Nathan & Gorman, 2007）。认知疗法的研究证明了莎士比亚所著《哈姆雷特》中的一句名言的智慧："其实世事并无好坏，全看你们如何去想。"

行为疗法在历史上并没有强调诊断或解析，但通过强调症状、对心理表征的怀疑和对经验主义的关注，它仍然影响了构建解析的过程。行为主义者努力理解症状学的拓扑结构，包括刺激－反应联系、行为链和强化的条件。行为主义者还关注环境条件在不适应行为中的作用。因此，行为主义的解析包括对环境的分析，以及如何改变环境以帮助个体。近年来，行为理论的新的"第三浪潮"变得日渐重要（e.g., Hayes & Strosahl, 2004）。它强调正念的作用、接受过去和当前现实的承诺，并致力于意识的培养。

现象学和人本主义心理咨询也影响了个案概念化。与行为主义者一样，现象学和人本主义心理咨询的信奉者在传统上也拒绝个案概念化，尽管他们的理由是它可能使咨询师处于对当事人的优越位置，并培养了一种不健康的依赖关系。人本主义思想对个案概念化的贡献包括强调将人视为整体而不是一种障碍，关注咨询师和当事人在当下的体验，以及将当事人和咨询师视为平等的

观点，共同致力于帮助当事人在自我内部实现更大的自我觉察和一致性。

心理测量传统

心理测量是临床心理学"皇冠上最明亮的宝石之一"（Wood, Garb & Nezworski, 2007, p. 72），它包括开发具有信效度的人格测试，以及编制和管理这些测试的标准，将概率理论应用于评估。心理测量学传统涉及一种统计学知识的思维方式，对于个案概念化非常有用。了解诸如"标准化""信度""效度"和"测量工具的标准化管理"等概念，可以提高个案概念化的质量。有一项研究提供了一些关于心理测量思维在个案概念化中的价值的证据，该研究发现，被要求像临床医生一样思考的本科生比被要求像科学家一样思考的本科生更有可能不考虑基准率的问题（Schwarz, Strack, Hilton & Naderer, 1991）。心理测量学传统反映在一些人努力评估个案概念化方法的可靠性和有效性上（Ghaderi, 2011；Mumma, 2011）。心理测量学传统还体现在美国心理学会循证实践专业工作组（The APA Presidential Task Force on Evidence-Based Practice）的建议中（2006），该建议包括使用经过心理测量学验证的工具进行过程监测。然而，心理测量评估对个案概念化的贡献是有限的，这也许是因为许多心理学家认为心理咨询和心理测量评估之间关系不密切。例如，罗丝梅里·O. 纳尔逊-格雷（Rosemery O. Nelson-Gray）就质疑（2003）心理测量评估对心理咨询取得积极疗效结果中扮演的角色。这种有限的影响，可能与一些个案概念化的构造或叙述结构与大多数心理测量工具的项目结构并不相同有关。

结构化个案概念化模型的出现

对个案概念化的最后一个影响因素是结构化个案概念化模型的出现。自 20 世纪六七十年代以来,当具有相似理论取向的咨询师在解析当事人时出现更多的分歧而不是一致时,人们开始关注这个问题,即使他们使用相同的临床材料(e.g., Caston, 1993; Caston & Martin, 1993; Eells, 2007b; Seitz, 1966)。令人担忧的是,咨询师(尤其是心理动力学咨询师)倾向于推断出似乎与可观察的临床现象关系较远的心理结构。作为回应,近几十年来,已经开发并经过实验证明了一些构建个案概念化的正式方法(Eells, 2007a)。这些方法主要来源于心理动力学的视角。例如,莱斯特·鲁伯斯基的核心冲突关系主题(Luborsky & Barrett, 2007),玛迪·霍洛维茨的结构分析(Horowitz & Eells, 2007)以及乔治·西尔伯沙茨(George Silberschatz)和詹姆斯·T. 柯蒂斯(James T. Curtis)的计划制订方法(Curtis & Silberschatz, 2007)。当然,有些方法是认知行为的(e.g., Kuyken et al., 2009; Persons, 2008),有些方法是行为的(e.g., Nezu, Nezu & Cos, 2007),还有一些方法是综合性的(Bennett & Parry, 1998; Caspar, 1995, 2007; Ryle & Bennett, 1997)。这些方法大多具有以下这些共同特点:

- 它们能发现问题;
- 对具有不适应性的关系互动和对自我、他人和世界的概念做出推断;

- 对临床观察非常重视。

此外，它们涉及相对比较基础的推断，将解析任务结构化为组成部分和序列，这些方法也显示出心理咨询整合的趋势。

其中第一个也是研究最多的方法是核心冲突关系主题（Luborsky, 1977），该方法旨在可靠且有效地识别当事人的核心问题关系模式。核心冲突关系主题侧重于当事人在治疗中的叙事，对这些叙述中的三个关键要素进行识别，这些要素是个体的愿望、他人的预期反应以及自身的反应。这个方法是基于弗洛伊德的移情概念，移情指的是先天特征和早期人际体验使一个人倾向于以特定方式并在以后的生活中用重复的方式建立和经营亲密关系。一个常见的核心冲突关系主题的例子可能是：一个人希望亲近和接纳他人，但预期到他人的拒绝，因此变得沮丧或愤怒（Luborsky & Barrett, 2007）。关于核心冲突关系主题的研究表明：在心理咨询中经常会出现关于关系的叙事；核心冲突关系主题在治疗过程、不同的人际关系和个体整个的生命周期中保持高度的一致；并且这些冲突主题会因诊断不同而有所差异（Luborsky & Barrett, 2007）。

个案概念化的内在张力

在许多方面，个案概念化是一种动态平衡的尝试。咨询师在将理论和证据应用于案例时要关注很多方面，因此必须平衡五种基本的紧张关系（Eells, 2007b）。

第一种是即时性与全面性之间的张力。个案概念化从根本上讲是一项实用任务，咨询师在收集信息、解析个案和实施它的时间是有限的。即使在我们知道更全面的了解可能会更好的情况下，咨询师仍然必须使用部分且常常是片面的信息进行工作。遵循简约原则可以帮助解决这种紧张关系，这意味着需要确定多少信息足以进行解析，并知道何时需要更多信息以及需要什么类型的信息。咨询师应避免被那些时间利用不当的话题所吸引，而且也必须判断出对某个话题进行讨论是否有成果，必须在实用主义的需求和足够信息的需求之间取得平衡。

第二种是复杂性与简单性之间的张力。人类行为是复杂且难以预测的。咨询师不能指望在个案概念化中充分捕捉到这种复杂性，也没有必要这样做，因为个案概念化是针对一系列有限的问题的。同时，治疗需要足够的复杂性来达到治疗的目标。所谓**复杂性**是指，将当事人问题的多个方面整合到一个有意义的表达中的程度。一个高度复杂的个案概念化可以将多个问题整合到一个主题中，并展示这个主题如何触发了问题性的反应、这些反应如何影响关系（包括潜在的治疗关系）、当事人如何应对以及如何在治疗中解决问题。在其他的案例中，可能不需要同样程度的复杂性。例如，一个在病前功能水平较高的人，虽然拥有强大的支持系统，也可能会因为责任的暂时性增加而被工作或学习的压力压垮。简而言之，解析案例应该尽可能简单，同时又在必要时复杂，以满足实际需要。

第三种是咨询师的偏见与客观性之间的张力。没有哪个咨询师可以在进行心理咨询时摆脱个人价值观、情感、判断、刻板印象的影响以及咨询师自身个人和文化历史的偏见。还有大量研究已经证明，我们都容易在判断和推理方面产生系统性错误，这部分内容我们将在下一章中进行更详细的讨论。此外，临床文献中也存在着关于咨询师偏见的研究，如反移情的概念、咨询师对当事人的人际扭曲的反应、咨询师的个人问题以及治疗关系的破裂（Benjamin, 2003；Henry, Schacht & Strupp, 1990；Levenson, 1995；Ogden, 1979；Safran, Muran & Eubanks-Carter, 2011）。咨询师偏见的另一种表现形式是过分依赖个人经验。正如约翰·鲁西奥（John Ruscio）在其著述中所写的（2007, p38）："将个人经验置于核心位置……可能会贬低许多其他咨询师的更有信息价值的集体经验，这些咨询师曾与更大范围和更广泛的当事人们合作过。"个人经验无可避免地是有选择性的，并受到上述判断和推理偏见的影响。约翰·鲁西奥强调，在评估来自个人经验的证据与其他信息来源的证据时存在双重标准。为了说明这一点，他要求读者描述如果从个人经验提取的证据保留所有特征，只是去掉它来自个人经验这一事实，他们可能会如何评估这些证据。约翰·鲁西奥建议可以将其描述如下：

- 证据是非系统的抽样；
- 由于选择性记忆的影响而缺乏完整性和背景信息；
- 并不是来自一项将当事人随机分配到不同条件的研究；
- 基于具有未知可靠性和有效性的测量方法。

相对于来自大规模、有良好控制并能够重复的研究、元分析研究或一系列严格和系统的案例研究得出的信息，你是否会给予这些信息更高的特权地位？问题的重点不在于贬低个人经验，而是要把它视为众多信息源中的一种，并将其放置在适当的背景下。总而言之，咨询师不可避免地会受到偏见的影响，但必须努力管理这种倾向，甚至可能利用它来促进治疗。

第四种是观察与推断之间的张力。我所提的**观察**是指通过仔细观察和倾听收集到的无理论偏见的描述性证据。**推断**则是基于观察法而形成的结论。从观察中得出结论可能在逻辑上或情理上是合适的，推断它可能受到理论的指导。例如，咨询师可能观察到当事人流下来的眼泪，推断当事人感到很伤心，或者根据情境可能认为当事人感到内疚，感到不值得被爱，或者表现为歇斯底里。解析是既依赖于观察又依赖于推理的，平衡二者非常重要。如果咨询师过于依赖观察，就会错过对一些模式的识别，使解析变成了事实的简单集合。如果咨询师的推理偏离了描述性证据太远，就会错过与可观察现象的联系，推理可能更容易出错，解析的可靠性也会受到影响。初步的推理通常是最有用的，因为它们与经验证据和当事人的体验更为密切相关。

第五种是存在于个体和一般性的表述之间的张力。从定义上看，个案概念化总是关于一个具体的个案，它应该考虑到个体的独特问题、生活环境、学习经历、压力源、愿望、希望、目标等。然而，关于特定心理障碍、问题和压力源的原因、特征和过程已经生成了大量的信息。正如上面所提到的，原型解析提供了关于心理障碍的原因和维持影响的有用假设。专家级的咨询师当然具有相关理论和研究知识，但理论与个体之间的契合总是较为粗略的。咨询师应该注意不要过于沿袭命题主义的思维方式，因此忽视当事人呈现问题中的重要独特方面。相应地，咨询师也应该小心不要在进行解析时过于具体化，从而忽视了对可以帮助治疗当事人的有关研究进行收集。同样地，就像前面描述的其他紧张关系一样，应该寻找合适的平衡。

小结

在这一章中，我对"心理咨询的个案概念化"进行了定义，并详细阐述了这个术语的含义。我还讨论了为什么个案概念化在具体层面和概念层面都很重要。我追溯了个案概念化的历史，并讨论了个案解析过程中的当代影响和内在张力。基于上述内容，我现在将继续讨论如何在个案概念化时进行理性思考。

第 2 章

如何在个案概念化时进行理性决策

在 20 世纪 90 年代中期，我的同事（精神科医生）将他的当事人安杰拉转介给了我。安杰拉 50 岁出头，是一位离异的白人女性，她因患抑郁障碍和解离性身份障碍而领取残疾保险金。她独自一人居住在一个小而凌乱的公寓里，很少外出。她唯一的社会性陪伴是她已成年的儿子和偶尔打电话或上门的前男友。在转介给我之前，安杰拉每三个月会去找我同事复诊，进行抗精神病药物治疗监测。在初始访谈中，安杰拉提到自己从 3 岁开始就多次遭受性虐待，同时还是撒旦仪式虐待的受害者。她声称自己曾在半夜被父母叫醒，带到一个秘密地点，被迫目睹对动物乃至婴儿的宗教仪式性杀戮。而性虐待的施暴者则是她的父亲和他的朋友们。安杰拉在叙述这段经历时非常痛苦。在初次会谈中就出现了一个循环：她的声音开始变得高亢，然后突然哭泣，最后才恢复镇定，然后又重复这个模式两三次。她提到，自己被虐待的经历一直持续到了青春期早期，从那之后的事情就不记得了。在 30 多岁时，安杰拉开始接受治疗，并逐渐恢复了这些记忆。最初，她只回忆起一些片段，但在咨询师的鼓励下，更多的细节逐渐浮出水面，并逐渐形成连贯的叙述。安杰拉开始形成对咨询师的依恋，但在两年后，咨询师突然结束了咨询并从咨询中心离职。自那之后，安杰拉一直持续在看精神科医生（也就是我那位同事），但在遇到我之前没有见过其他咨询师。我的同事主要担忧的是安杰拉的社交孤立以及抑郁症状始终没有改善的情况。安杰拉并不是精神病患者，她从来没有因精神问题住院过，并坚信她的性虐待和撒旦仪式虐待经历是她问题的根源。初步看来她的问题主要包括抑郁、社交孤立、自我照顾能力差和情绪不稳定。设想一下，如果你要对她进行个案概念化，并需要生成一个关于她的问题的解释性假设，你是否同意性虐待和撒旦仪式虐待是她问题的根源？

你可能会被安杰拉对被虐待的生动而详细的描述所触动，或是被她讲述故事时的坚定信念所打动。你可能会意识到，在20世纪90年代中期，许多关于被压抑记忆恢复、撒旦仪式虐待和多重人格障碍的故事和说法在美国的新闻和大众媒体上广泛流传（ABC News, 1993; Achenbach, 1995; CNN, 1993; Thomas, 1994）。你可能认为安杰拉是那些罕见的撒旦仪式虐待案例之一，或是那些以前未被重视的多重人格障碍案例之一，并且你觉得这些事件确实是她问题的核心。然而，我希望你和我一样对这种说法持怀疑态度。事实上，有好些线索都在暗示关于被虐待的经历可能是假的。例如，她回忆的生动性，她对虐待的描述非常详细，她对自己的叙述的真实性以及自己在咨询师的帮助下原本压抑的记忆被恢复的故事的真实性都坚信不疑。当然，这些并不是说这些事件没有发生过。安杰拉可能具有压抑性人格的特征（Bonanno & Singer, 1990），通过诸如有意遗忘或提取抑制（Schacter, 2001）的记忆阻断过程，伴随着她的讲述过程，事件浮现出来。但这也并不意味着，如果这些事件没有发生，咨询师的角色就变成去否定安杰拉对自己过去的描述；相反，我建议咨询师应该具有扎实的相关心理学研究基础，从而能够客观看待这些叙述，并利用相关知识来使当事人在治疗中获益。

本章的目标是为你提供工具，帮助你作为心理咨询的个案概念化者做出理智的决策。决策是个案概念化的一个重要组成部分。在过去的30年中，我们对于决策的认识有了相当大的进展。我将讨论这项研究对个案概念化的启示，然后探讨推理中的系统性错误会如何影响个案概念化，以及在专家判断中知觉的作用。最后，我会围绕个案概念化过程中如何做出正确决策并提出相关建议。

系统1和系统2

在过去的30多年里，认知科学领域最有影响力也是获得大量实证证据支持的观点认为，判断和决策过程包含了两个系统，且每个系统都有各自的特征（Evans, 2008; Kahneman, 2011; Stanovich, 2009），彼此之间存在"不稳定的交互"（Kahneman, 2011, p. 415）。这些系统与心理咨询的个案概念化的决策过程密切关联。基于丹尼尔·卡尼曼（2011）的**系统1**和**系统2**的表述，我将这两个系统理解为过程而非人格，并以一种拟人化的方式总结了这两个系统的特征。

系统 1

卡尼曼（2011）将系统 1 描述为自动化的、不费力、迅速、冲动和直觉的。当有人给你一块巧克力蛋糕，你立马忘记之前减肥的决心而接受这块蛋糕并享用了，这就是系统 1 在起作用。尽管前一晚你打算早起学习或锻炼，但是当早晨的闹钟响起时，系统 1 会按下贪睡按钮，让你翻个身继续睡，直到下一个闹钟响起。系统 1 会让你与某人见面的头几分钟内就决定是否喜欢这个人。系统 1 受到情绪的影响，会与好的感受联结，并对张力和生动性做出反应，帮助你找到解决问题的简单方法。系统 1 提供印象，并产生可能导致信念的冲动，从而使我们仅凭部分信息去理解复杂的世界。它会扫描环境中可能需要应对的威胁和新信息，它的主要功能是"维护和更新个人世界的模型，只要在这个模型中，那就代表是正常的"（Kahneman, 2011, p.71）。正如丹尼尔·卡尼曼所写的那样："如果系统 1 参与其中，结论会先于论证产生"（p.45）。

在个案概念化的过程中，系统 1 的表现包括：

- 当一名新当事人在咨询中哭了，咨询师会自动想到"抑郁"；
- 当一名当事人变得愤怒和苛求，威胁要自杀，然后在下一次咨询爽约了，咨询师的脑海中闪现出"边缘型"这个词；
- 当一名当事人描述自己在寻找伴侣方面没有成功经验，并因此而悲伤和沮丧时，咨询师推断出当事人有一个"我是不可爱的"自我图示；
- 当一名当事人在首次会谈时突然哭泣，并解释说他的配偶离他而去，没有配偶在身边无法生活时，如果咨询师立马得出结论说当事人的问题已经明确，并不再询问当事人可能有的其他问题，比如与工作、育儿、休闲时间的使用、财务状况等社会功能情况、身体健康、药物滥用、既往精神健康状况以及文化因素的潜在作用等有关的问题。

简而言之，当咨询师基于部分信息识别出一种模式时，就表示系统 1 在发挥作用了。

系统 1 根据已经建立的联想激活原则来运作。当一个想法蓄势待发或被激活时，它会触发一系列与之联结强度不一的其他想法，同时，联想网络中的多个节点被激活，这通常在意识觉察之外。卡尼曼（2011）指出："这个复杂的心理事件集合的基本特征是其连贯性。"（p.45）网络中的每个元素都是相互联系的，并相互强化，唤起的记忆又唤起其他记忆，这些记忆共同影响面部表情、情绪反应以及肌肉紧张和接近/回避倾向等事件。这些想法可能通过因果关系、时间或空间上的连续性，或者相似性而相互关联。

系统 1 被认为是源于我们人类的进化遗产。为了生存，快速思考并找到一个足够好的临时解决方案比缓慢而有条理地思考直到找到最优解决方案更为重要（Stanovich, 2009）。正如纳西姆·尼古拉斯·塔勒布（Nassim Nicholas Taleb）所写（2007）的那样："我的反事实思维、内省且深思熟虑的祖先可能会被狮子吃掉，而他那个没有思考但反应更快的表亲则早就逃走并躲了起来。"（p. xii）

由于系统1产生的快速解决方案只是对最优反应的初步接近，因此系统1有时会犯错误。由于系统1是为了满足其对一致性的需求来解释世界，这时它可能会看到虚假的因果关系。从这个意义上说，系统1是易受欺骗的、有偏见的并且会在证据不足下得出结论。它对产生结论的证据的数量和质量都不敏感。基思·E.斯坦诺维奇（Keith E. Stanovich）甚至说（2009）系统1的思维会威胁到我们作为独立思考者的自主性。

系统2

与系统1相反，系统2是需付出努力、深思熟虑、有秩序、遵循规则且缓慢的。系统2能够精确地解决复杂问题，但这种能力是有代价的。系统2对认知资源的要求很高，需要大量的注意力和集中力，并且会干扰其他正在进行的思维和行动。当注意力被撤回和分散时，系统2的处理进程就会被打断。

系统2是算法性的，它涉及有意识地逐步应用归纳推理、演绎推理和逻辑来解决问题的努力。当你试图按照字母顺序回忆起你最近交谈过的五个人的姓名时，系统2就会参与到工作记忆中。系统2发挥作用的情境还包括当你计算23×17等于多少时，以及当你感到一股冲动但试图抵制住它时。系统2与能动性、选择和自我监控的经验密切相关。当你需要权衡两个选项各自的优缺点并做出选择时，系统2就会参与其中。系统2的目标是实现我们作为人的目标，而不是实现基于我们的进化遗传而形成的基因目标，这些基因目标可能并不是个人目标。

系统2也被描述为"懒惰的"（Kahneman, 2011; Stanovich,

2009），它不愿意投入除解决问题所必需的努力之外的额外的努力。由于运用系统2需要费力，启用系统2可能会让人感到不适，并容易导致认知疲劳。系统2表现出懒惰的一种常见方式是把难题替换成一个更简单的问题。在一项研究中，被试被要求估计美国密歇根州在某一年发生的谋杀案数量。这是一个困难任务，因为它需要一个人回忆起关于该州人口数、城市和农村社区的人口分布、财富分配、犯罪率、该州的犯罪新闻报道以及暴力犯罪的其他预测因素和证据等。在该研究的另一个版本中，被试估计了底特律的谋杀案数量，报告的平均数是密歇根州的两倍多（Kahneman & Frederick, 2002）。这个结果违反了所谓的支配关系，并且不符合逻辑，因为底特律位于密歇根州，底特律的任何一起谋杀案也是密歇根州的谋杀案。而问题替换也许可以解释为什么会是这个结果。这些被试可能没有回答"去年在底特律有多少人被谋杀"这个问题，而是回答了更容易受情感影响的"底特律有多安全"这一问题。在本章后面，我会举例说明在个案概念化时如何发生问题替换。

当咨询师遵循逐步的、系统的流程来建立解析的时候，意味着系统2正在发挥作用。系统2在发挥作用的情形还包括：

- 咨询师在确定当事人的诊断时，去回顾和查阅相关诊断的标准；
- 制定全面的问题清单的过程中，审查当事人生活和社会功能的关键领域；
- 当咨询师通过确定目标和特定的干预措施来制订治疗计划，

以最大限度地实现目标等。

简而言之,只要咨询师遵循深思熟虑的、目标导向的和努力付出的程序,系统2就会参与其中。

系统1和系统2的联盟

系统1和系统2以联盟的形式相互作用,这个联盟虽然不稳定但总体来看运作良好。系统2监控着系统1:

- 当你在会议中注意力不集中时,系统2会告诉你集中注意力;
- 当你愤怒时,系统2会让你保持礼貌;
- 当你开车时,看到前方有红灯闪烁,系统2会告诉你减速。

系统1不断地生成关于世界状态的暗示、印象、冲动和感受。系统2通常会原封不动地接纳这些暗示,并将它们转化为信念、态度、行动和意图。当某个事件发生时,如果不符合系统1所创造的世界模型,或者当它检测到系统1正在引导人们犯错时,系统2会警觉起来。系统2相信它掌控着局面,相信它知道我们做出决策的原因;然而,事实并非如此,我们通常并不知道。这类似于社会心理学家乔纳森·海特(Jonathan Haidt)所描述的(2006)大象与骑象人的隐喻,他试图通过这个隐喻来理解为什么自己难以鼓起意志力去坚守承诺,以及为什么自己难以像他所渴望的那样理性地行动。

我是大象背上的骑象人。我手里握着缰绳,通过把缰绳拉向一边或另一边来指挥大象转弯、停下或前进。我只有在大象没有

自己的欲望时才可以这样指挥。当大象有它真的想做的事情时，我就不是它的对手了。（p.4）

这是系统2（骑象人）在试图管理系统1（大象）时所面临的困境。

影响个案概念化的一些认知启发式

在这一部分，我将描述一些因系统1以及系统2的惰性而导致的个案概念化思维错误。这些错误都是基于**启发式思维**，这是一种相对省力的自动化的简略方法，用以找到充足的答案来应对难题，但往往非最优解。启发式思维涉及大量的系统1思维，它们有助于解释为什么"你的心理生活中一个显著的特点是你很少被难住"（Kahneman, 2011, p.97）。虽然我们可能会在回答"23×17等于多少"这样的问题时遇到困难，但是面对大部分的问题，我们通常会产生即刻的、直觉性的观点。我们会快速形成对某人是否有好感、那个人是否胜任、为什么某人做了或没做某事、哪些基本属性能描述一个人的主要特征、一个项目是否会成功以及是否可以信任某人等印象，这些结论通常基于我们意识之外的思维过程，并且我们无法用证据来解释或支持它们。

在过去30年里的认知科学研究中，有几种思维启发式已经被确认。尽管对这些启发式的使用存在个体差异（Stanovich, 2009），但它们是人类思维的特征，而且和智力水平无关。启发式并不总是导致我们犯错。事实上，它们通常是有用的，并且具有适应性

（Gigerenzer, Todd, & ABC Research Group, 1999）。在本章后面的篇幅里，我将讨论在什么情况下启发式是具有适应性的、什么时候又会让我们误入歧途。不过，在这一节里，我会先回顾与心理咨询的个案概念化相关的几种启发式。我会简要解释这些启发式，并提供与个案概念化相关的例子。有兴趣进一步了解启发式相关研究的读者，建议参阅丹尼尔·卡尼曼、基思·E.斯坦诺维奇、大卫·福斯特（David Faust）和约翰·鲁西奥的相关著作。

可得性启发式

可得性启发式所依据的原则是人们根据"实例在脑海中出现的容易程度"做出判断（Kahneman, 2011, p.128）。例如，当你被要求预估暴力和精神疾病的关联程度时，如果你不久前正好看到一件全国媒体都报道的精神病患者实施的暴力事件，你会比没有看到这个新闻时要更高地估测这种关联度。原因是在前一种情况下，这一类实例（患有精神疾病的暴力个体）更容易在联想记忆中被激活，因此更容易回忆起来。同样地，如果你的案例库中双相情感障碍的当事人越多，你就越有可能在下一个案例中看到双相情感障碍。可得性启发式也可能导致心理健康专业人员在明明没有精神疾病的情况下也觉得精神疾病非常普遍。类似地，可得性启发式也可能导致心理学家在解释心理障碍时会高估心理因素的作用，而精神病学家则可能会高估生物因素的作用。正如第1章所讨论的一样（Ruscio, 2007），可得性启发式也可能让咨询师在做出判断时放大自己的个人经验的作用。一种理解可得性启发式的方式就是它涉及问题替换。当你想回答心理疾病患者中的暴力发生率、你的当事人是双相情感障碍的可能性或自己承担的家务的百分比等问题时，你回答的其实是你脑海中最容易浮现出来的那个印象（Kahneman, 2011）。

我们需要利用系统2来抵抗可得性启发式。个体必须努力去重新考虑脑海中即刻冒出来的估计值。例如，通过问自己这个问题："我对暴力和精神疾病之间关联性的估计是否因为最近的相关新闻而被夸大了？"或者通过自我反思："我的实务工作中会接触到很多双相情感障碍的当事人，正因如此，我要更加谨慎，尽可能避免预设每个新当事人都有双相情感障碍。"在安杰拉的案例中，近期媒体对恢复压抑记忆和撒旦仪式虐待的报道，可能由于可得性启发式导致高估这类事件解释其问题的可能性。

在制定治疗方案以及实施过程中，意识到可得性启发式在起作用是有益的。关于可得性启发式的一个较为著名的研究就是要求已婚夫妇估计他们自己完成的家务的百分比。与可得性启发式一致的是，夫妻双方加起来的百分比超过了100%。每个配偶都更能意识到自己对维护家庭的贡献，而不是伴侣的贡献，这导致他们高估了自己的贡献，低估了他们的伴侣的贡献（M.Ross & Sicoly, 1979）。在婚姻家庭咨询以及个体咨询中，当涉及关系冲突时，采用心理教育的干预方式对这一常见现象进行解释很有用。研究还表明，一个人越强大或认为自己越强大，就越容易受到可得性启发式的影响，因此会更无批判性地接受直觉，而不会经过系统2的审查（Kahneman, 2011）。这些研究发现与个案概念化也密切相关，因为在心理咨询的情境中，咨询师相对于他们的当事人而言是更有权力的一方。

情感启发式

情感启发式和可得性启发式有关。它指出"通常人们是在没有意识到的情况下,形成观点并做出选择,直接表达他们的感受以及回避或亲近的基本倾向"(Kahneman, 2011, p.139)。情感启发式是根据想法激发的情绪强度和容易被想到的程度来判断其重要性。首先系统 1 根据感受做出无意识的判断,随后系统 2 会生成一些理由来证明这些判断是正确的。一个现象越新颖、生动、悲惨、可怕或反常,它在记忆中就越容易被检索到,影响决策的可能性就越大。在许多情况下,情感是引导判断的一种有效方式,它会带来成本 – 收益的适应性均衡,并最终产生好的结果。然而,大量的证据表明,情感有时会取代更好的判断,这种判断涉及分析、考虑证据质量、观点采择和其他系统 2 过程。心理咨询师应该不会对这个论断感到惊讶,他们经常会遇到那些基于冲动和即时情绪反应做出决策的人,而不是等到情绪冷静后根据更好的判断来做出决策的人。

当被问到你更倾向选择 8% 还是 10% 的概率赢得 100 美元时,和几乎所有人一样,你会选择 10%。然而,当同样的概率以更生动、更丰富多彩的方式呈现并激活了系统 1 和情感启发式时,结果就会改变。在一项研究中,学生从两个罐子中选一个,如果从中抽出一颗红色弹珠,就可以赢得 100 美元。第一个罐子里放了 10 颗弹珠,其中 1 颗是红色的,其余 9 颗是白色的;第二个罐子中放了 100 颗弹珠,其中 8 颗是红色的,其余 92 颗是白色的。但有相当比例的人(30%~40%)选择了红弹珠颗数更多的罐子,即 8% 的概率获胜，而不是 10%（Kahneman, 2011）。这个结果可以用情感启发式来解释。相比于干瘪的百分比，8 颗红色弹珠的画面更加鲜活和诱人，使得许多人即使在完全知道自己在做什么的情况下，做出了降低他们赢得 100 美元概率的决定。显然，这项研究并没有涉及心理咨询中会遇到的情感水平，但它确实说明了生动性在决策中所起的作用。

情感启发式是另一种关于替换的例子。在前面提到的研究中，参与者被问及概率问题，但在弹珠问题中，他们可能会用"那 8 颗红弹珠对比 1 颗红弹珠，你会有什么感觉？"来替换这个问题。在安杰拉这个案例下，我们可能会用"我对撒旦仪式虐待有什么感觉？"来替换"她成为驱魔仪式虐待的受害者的可能性有多大？"这个问题，并根据想象中的撒旦仪式虐待的生动性和恐怖性来回答时，就会高估其发生的可能性。即使我们知道她成为撒旦仪式虐待受害者的概率极小，但她那生动的描述可能会让人认同她的表述。同样，当事人的吸引力可能会导致咨询师立刻形成对这个人人格功能的错误推断。此外，对当事人的喜爱可能会导致我们低估病理的严重程度，并低估了对取得好的效果需要克服的困难。而当我们对一个当事人不喜欢的时候，可能会导致我们无意识地拒绝当事人，对咨询效果的预期很悲观，并以自我实现预言的方式行事。后面提到的这些现象在弗洛伊德提出的反移情概念中也有很好的阐述，只不过解释机制非常不一样。

代表性启发式

代表性启发式是一种基于"同类相近"原则的心理捷径。它根据某种情形与我们在记忆中存储的与同一情形或类似情形的原型之间的匹配程度来进行判断,而不去考虑其他重要关系和可能性。举例来说,当事人亨利之所以来咨询,起因是妻子发现他出轨后搬出去了,而亨利希望妻子能够回来,因为他觉得这对于他展示稳定的职业形象很重要。亨利在咨询中描述了多段充满欺骗的关系,并对自己说谎以及他人因此受到的影响表现得毫不在乎;他经常表现出冲动、鲁莽的行为,并对自己明明能做到却未能履行经济义务缺乏悔意。当被问及治疗目标时,亨利表示希望妻子能接受他出轨,以换取他为妻子提供的富裕生活。现在,请你对以下陈述的可能性进行排序:

1. 亨利有因超速和酒后驾车而被逮捕的记录;
2. 亨利喜欢晚上在家里阅读古典文学;
3. 亨利喜欢晚上在家里阅读古典文学,并且有酒后驾车的被逮捕记录。

如果你和许多人在面对类似情境时的反应相似,那么你可能认为第 1 种陈述最有可能,第 2 种陈述最不可能,第 3 种陈述则介于两者之间。如果你的确这样认为,那么你就犯了一个逻辑谬误,而这可以通过代表性启发式的角度来解释。前面关于亨利的描述符合反社会型人格障碍(antisocial personality disorder, ASPD)的标准。在 ASPD 人群之中,有被逮捕记录和滥用药物的情况是很普遍的,因此第 1 种陈述的排序最靠前。此外,由于 ASPD 患者倾向于冲动、寻求刺激的外向型人格,很少有人晚上会在家里享受阅读古典文学。但是,鉴于在喜欢阅读古典文学的人群中,

第2章 / 如何在个案概念化时进行理性决策

既包括了因超速和酒驾而被逮捕过的文学爱好者，也包括了没有此类记录的人，因此从逻辑上说，第2种陈述必然比第3种陈述的可能性更高，因为第3种陈述只包括既爱好文学同时还有超速或酒驾的逮捕记录的人。而如果你认为第3种陈述比第2种陈述的可能性更高，那可能是因为喝酒和被逮捕是反社会行为的代表性，而这种代表性诱导了你的判断，导致你忽视了选项之间的逻辑关系。重申一次，问题替换可以解释代表性启发式。与其问自己从逻辑上评估这三种陈述的可能性这样复杂的问题，倒不如用更为简单的问题代替，如"酒驾和超速的人与亨利有多相似"，因为前者会激活系统2，而后者只需要系统1就可以处理。

在多年前，我在一家为精神分裂症患者提供庇护的"中途之家"做志愿工作时，学到了关于代表性启发式的重要一课。有一天，一位刚从精神病院出院的年轻人问我是否愿意看他的捷豹车。我立马认为这可能是我第一次直接观察妄想行为的机会，于是欣然同意。而当我跟着他走到街边，他真的有一辆捷豹车。我的内在表征中，患有精神分裂症的个体与妄想行为非常一致，但与拥有一辆昂贵的跑车并不一致；因此，我被我的系统1所误导了。

诚然，通常情况下代表性启发式在决策中很有用。它产生的即时第一印象往往有助于做出判断。边缘型人格障碍的当事人可能有被性虐史。受过更多教育的当事人可能更擅长言辞。但是，在解析案例时需要意识到代表性启发式的存在。例如，当一名当事人报告她在童年遭受了性虐待，代表性启发式可能会导致咨询师基于这一次的披露就得出结论，认为当事人受到了广泛而严重的伤害，终生痛苦，易患抑郁障碍、焦虑障碍和酒精滥用，自尊感低，性失调，无法建立健康的成人亲密关系，等等。这个结论可能是基于当事人报告的性虐待事件与咨询师心中关于儿童性虐待导致严重而普遍伤害的心理原型之间的相似之处。事实上，有强有力的实证证据表明，儿童性虐待造成的伤害程度和普遍性在一些群体中被夸大了（Rind, Tromovitch, & Bauserman, 1998, 2001）。这一证据表明，人们的韧性比刻板印象中的要强，但它并不否认有些个体确实经历了严重的、普遍的和持久的伤害。这一研究结果与儿童性虐待受害者的刻板、生动形象形成了鲜明的反差，导致最初的研究报告引起了相当大的争议，遭到来自包括脱口秀节目主持人、美国国会委员会、各种学者和从业人员以及保守派组织的攻击（Ondersma et al., 2001）。在刚才的例子中，另一个推论可能是，当事人通过成功解决痛苦的童年经历，显示出了非凡的韧性。应用到心理咨询的个案概念化中则意味着，咨询师应避免仅根据当事人对事件的描述与具有类似经历的个体的刻板印象之间的相似性而轻易得出结论或进行推论。

对基准率的忽视

设想你有一个患有慢性抑郁障碍的当事人，并且当前他有自杀风险。我们进一步假设，在患有慢性抑郁障碍的人群中，每千人中有一人在他们的一生中会成功实施自杀，并且有一种心理测试能够在一个人确实打算自杀时百分百地准确诊断出自杀倾向。最后，假设这个测试的假阳性率为5%。也就是说，在一个人没有自杀倾向的情况下，测试错误地估计其有自杀倾向的比例占总案例的5%。现在，想象一下如果刚刚这位当事人进行了这项测试，并且测试显示当事人有自杀倾向。假定除了测试得分和这个人患有慢性抑郁障碍之外,我们对这名当事人一无所知。那么,这位当事人自杀的可能性是多少?你的治疗计划会受到什么影响?

这类问题最常见的答案是95%(Stanovich, 2009)。然而,事实上,实际的概率约为2%,即每51人中就有1人。我们可以通过简单计算得出这个结果:5%的假阳性率意味着在进行测试的1000人中,大约会有50人被错误地识别为有自杀倾向,测试的敏感性为100%。所以,如果每1000人中成功自杀的基准率为1人,我们可以在这50人中再加上1人,也就是说在1000个样本中,有51人被测试识别为有自杀意向。因此,由于存在假阳性,成功自杀的概率实际为1比51,大约为2%。

忽视基准率在个案概念化以及特别在治疗计划中有重大意义。如果基于对自杀的95%概率的推断来制订治疗计划,与基于2%概率的推断来制订计划相比,你的治疗计划可能会有所不同。如果所有在这个测试中得分阳性的人都因安全原因住院,那么每有1个真正需要住院的人,就会有50个不需要住院的人被住院。重点不是咨询师应该忽视自杀的风险,即使只有2%的概率,而是治疗计划应该根据流行病学和基准率信息的适当应用来考虑实际风险。

考虑基准率对于理解安杰拉是否真的成为撒旦仪式虐待的受害者是很有帮助的。虽然这种活动的基准率不为人知,但可以合理地假设这个概率是相当低的。假设其基准率为每1万人中有1人,同时假设安杰拉患有某种精神障碍,且该障碍在美国的年患病率约为25%(Kessler, Chiu, Demler, Merikangas, & Walters,

2005），那么安杰拉成为撒旦仪式虐待的受害者的真实概率大约为0.03%。

过度自信

另一个常见的认知错误是**过度自信**。大量研究表明，我们高估了自己对所知事物以及未来事件发生可能性的信心。当人们声称在问卷调查中所有问题都回答正确时，实际上只有大约88%的回答是正确的。同样地，在人们声称在二选一的情况下对决策有70%~80%的自信时，实际表现往往只是随机的。也就是说，只有50%的准确率（Stanovich, 2009）。另一个例子是，尽管催眠并不能提高记忆的准确性，但它确实增加了人们对记忆准确性的信心（Krass, Kinoshita, & McConkey, 1989; Steblay & Bothwell, 1994）。对于这些现象的一个解释是，我们倾向于接受由系统1生成的快速答案，并不会想到这些答案可能是错误的理由。实际上，系统1生成回应，而系统2通过生成有选择性证据来确认这一回应，并忽略了那些相反的证据。

过度自信有不同的表现形式。一种是**"规划谬误"**（Kahneman, 2011; Stanovich, 2009），这是一种普遍低估完成项目所需时间的倾向。另一种是**"事后诸葛亮偏差"**，即人们总是在事后过高估计他们认为自己在事先就已经知道的情况（Fischhoff, 1975, 1982）。在一项研究中，神经心理学家被分为两组：一组阅读一份病历，然后要求他们估计三种不同诊断的概率；另一组则提前被告知其中一个诊断是正确的，然后询问他们如果在不知道诊断的情况下，每个诊断的概率是多少。事后诸葛亮组更倾向于给所谓的正确诊断分配更高的概率（Arkes, Faust, Guilmette, & Hart, 1988）。这个现象也被称为"**我早就知道效应**"（Fischhoff, 1975）。

过度自信可能对临床决策产生破坏作用。爱德华·J.波滕（Edward J. Potchen）对比了（2006）诊断准确率高（95%）和准确率低（75%）的放射科医师后发现，尽管两组的准确率有所不同，但每组对其诊断准确性的信心并没有差异。信心不能预测准确率。杰尔姆·格罗普曼（Jerome Groopman）描述了（2007）几例由于对医学诊断推理的过度自信而造成伤害的案例。由于过度自信让我们以为自己知道的比实际知道的要更多，使得我们倾向于不进行批判性思考，也没有从错误中汲取教训，或是当我们预测出错时没有引起足够的重视。此外，误诊还可能导致误治。

在什么情况下我们可以相信直觉

在上一节中，我重点讨论了对心理咨询的个案概念化者构成风险的决策失误。这其中许多失误源于对来自系统 1 过程的直觉性的盲目依赖。然而，有大量证据表明，在各种技能领域中的专家能够做出准确、深思熟虑和直觉性的判断（Chi, Glaser & Farr, 1988; Ericsson, Charness, Feltovich, & Hoffman, 2006; Klein, 1998）。已经有许多关于国际象棋选手、运动员、音乐家、数学家、物理学家和医生等展现出非凡才能的记载。在这些专业领域内，他们能够迅速察觉到大量有意义的模式，可以比新手更快地掌握所涉及的技能，并能够迅速解决问题且几乎没有错误（Chi, 2006）。

有些作者也强调直觉在心理咨询中的同等重要性。西奥多·赖克（Theodor Reik）赞美了经验丰富的心理咨询师通过"用第三只耳倾听"以洞察当事人未觉察到的冲突的能力（1948）："第三只耳的特点之一就是可以双向工作，它既可以捕捉到别人没有说出口但感受到了或思考到了的东西，也能转向内心深处。它可以听到那些通常听不到的内在声音，因为这些声音被我们意识层面思维过程的噪音湮没了。"（p. 146–147）同样地，洛娜·史密斯·本杰明（Lorna Smith Benjamin）将咨询师进行诊断性会谈的技术比作猎犬追踪气味的能力（1996b）：

> 咨询师追踪潜意识的线索，就像猎犬追踪狐狸的气味。猎犬并不是把田野分成几部分进行系统搜索，而是将鼻子贴近地面，顺着气味追踪，来回穿梭，如果气味飘向哪个方向，它就朝哪个方向去追寻。这种气味便是无意识的气味。（p. 79）

研究人员还发现直觉是咨询师活动的重要组成部分。弗里德里希·卡斯帕尔（Friedrich Caspar）关于"心理咨询师内心在想什么"的研究（1997）表明，咨询师既有理性分析思考，也有大量的直觉思维。大卫·P. 查曼（David P. Charman）发现（2004），咨询师在描述有效咨询师的技能时包含了"直觉"这个词。在我自己的研究中，专家型个案概念化者比非专家构建了更高质量的个案概念化，原因在于专家在个案概念化的过程中汇总和使用多种认知构成，既包括需要费力的演绎和归纳过程，也包括短程、数据接近以及直觉跳跃的认知过程，这一内容在第9章中有更详细的描述。（Eells, 2010; Eells, Lombart, Kendjelic, Turner & Lucas,

2005；Eells et al., 2011）

因此，在文献中存在两种关于直觉的看法，一种赞扬它，另一种则批评它。塔勒布（2007）用两个例子概括了这些观点：

你更愿意由一位科学新闻的报道者还是一位经过认证的脑外科医生来为你实施脑手术？另外，你更喜欢听一位拥有名校金融博士学位（如沃顿商学院）的人的经济预测，还是听一位财经报纸专栏撰稿人的经济预测呢？第一个问题的答案看起来显而易见，不过第二个问题的答案就没那么明晰了。(p. 146)

在这一部分，我试图调和关于专家行为和直觉的两种不同观点。首先，我会定义相关术语，然后探讨能够产生准确直觉的条件。

认知科学家一致认为，直觉是一种快速、自动化、大量无意识的思维方式，它提供了问题的解决方案或答案。通常情况下，个体无法解释这些解决方案是如何进入脑海的（Gigerenzer, 2007；Hogarth, 2001；Kahneman & Klein, 2009；Myers, 2002）。赫伯特·亚历山大·西蒙（Herbert Alexander Simon）将识别置于他对直觉的看法的核心位置（1992）："情境提供了线索；这个线索使得专家能够访问存储在记忆中的信息，并且这些信息提供了答案。直觉不过是一种识别的过程。"（p.155）西蒙对直觉的定义的一个优势在于，它揭开了这个词的神秘面纱，坚定地将其置于一般心理过程的范畴。因此，直觉就是一种类似于只要看朋友的脸色就能知道他心情好不好的过程。你可能不知道你是怎么知道的，你只是很自然地接受了它。类似地，你可能不知道为什么当事人关于人际关系问题的故事符合某个熟悉的模式,但你就是知道。

丹尼尔·卡尼曼和加里·A. 克莱因(Gary A. Klein)提出(2009),要获得真正的专业知识必须满足两个条件。

第一个条件是,学习环境必须是稳定、可预测和高度有效的;用罗宾·M. 霍加斯(Robin M. Hogarth)的术语(2001)来说,它必须是"友好的"。篮球比赛就是一个学习环境"友好"的例子。篮球赛有明确的规则和边界,比赛提供的反馈是即时、相关、明确、一致和准确的,有没有命中篮筐、成功传球或被抢断、篮板球抢没抢到以及最后比赛是赢是输等。球员根据这些反馈进行调整从而获得更好的表现,而这些调整可以根据反馈再调整。这些特点有助于促进球员在篮球场上习得准确识别并有效应对隐含线索的技能;相反,不规则、不一致和低效度的环境则不利于培养精准的直觉。比如,对一个大型且复杂的组织机构的领导力来说:在这样的环境中,领导采取的行动与这些行动的影响之间的因果关系往往不明确;反馈可能来得很慢、不规律、模糊、不准确或根本没有反馈;环境受到组织内外的强大且难以控制的力量的影响;面临的问题往往是全新的,而不是熟悉的。(P. Rosenzweig, 2007)

重要的是要警惕"邪恶"的环境,因为在这些环境中,一致性会提供误导性的反馈(Hogarth, 2001)。霍加斯引用了刘易斯·托马斯(Lewis Thomas)关于一位医生的描述,这位医生可以在患者还没有表现出相应症状时就能准确地诊断出伤寒,并因此而闻名。这位医生的方法是走到每个病人的床边,触摸患者的舌头,来检查舌头的质地和异常情况。正如预料的那样,一两周后，这些患者表现出典型的伤寒发热的症状。在这种环境中，反馈是一致的、规律的、明确的、可预测的，并且强化了医生的诊断。但这个说法却是极具误导性的，其实是医生自己在传染给他的患者。

庆幸的是，胜任地进行心理咨询是发生在一个相对"友好"的环境中。咨询师和当事人各自角色有清晰的界定。咨询师的目标是提供一个促进性的环境，并以稳定、一致和可预测的方式行事。当事人也会了解到自己的角色以及对治疗的期望。双方会就问题的识别、原因和维持因素等寻求协作一致，并由双方共同决定采取什么行动来解决这些问题。治疗的设置是相对稳定的，每一节咨询的时长和结构都可预测，并且会谈任务也会是确定的。此外，治疗中可能发生的事件通常会在一个相对有限的范畴内。咨询师在每个干预后，以及基于对每一次咨询的进程监测会得到近期反馈。尽管这些反馈可能没有投篮得分或丢分那样明确，但咨询师可以学会留意当事人在干预后给出的线索。其他心理健康专业人员使用的技能则不会在如此友好的环境中发生。这些技能包括预测自杀或暴力行为，提供与刑事责任、行为能力或残障相关的司法意见，预测学业或工作表现以及评估自己作为咨询师的成功率（由于过度自信和事后诸葛亮偏差的影响）。这些活动涉及未来较远的预测，因此反馈会明显延迟，甚至可能根本不会收到反馈。

获得真正专业知识的第二个条件是有充足的机会实践这些技能。埃里克森（2006）发现，在某个领域获得专业的表现需要大量的练习，至少要10 000小时。此外，这些技能是需要接触相关领域大量案例后逐步获得的。但仅凭经验是不够的，还需要刻意练习，它涉及持续的专注和努力。恰当的训练任务可以将所需技能的组成部分拆解开来，并且教练或老师可以提供明确、详尽的反馈和监督。

心理咨询和心理咨询的个案概念化似乎是适合运用刻意练习来提升的技能领域，但是特伦斯·J. G. 特雷西（Terence J. G. Tracey）、布鲁斯·E. 瓦姆波尔德（Bruce E. Wampold）、杰伊·W. 利希滕贝格（Jay W. Lichtenberg）和罗德尼·K. 古迪尔（Rodney K. Goodyear）认为（2014），咨询师很少利用这个机会。督导是心理咨询培训的核心成分，并且督导包含了反馈。此外，反馈也可以直接从当事人以及进程监测中获得。将治疗与个案概念化技能拆解为具体的组成部分是可行的，并且有证据表明，相对于全方位的督导，这种做法更能推动学习（Henry, Schacht, Strupp, Butler & Binder, 1993）。弗朗茨·卡斯帕尔（Franz Caspar）、托马斯·贝格尔（Thomas Berger）和艾琳·豪特勒（Irene Hautle）的研究证明（2004），有一种个性化的计算机辅助培训项目，通过提供简洁而密集的反馈而被学员广泛接受，并且这个培训项目提高了他们处理个案概念化的相关能力。

心理咨询另一个有助于促进专家直觉发展的优势在于，它是一个频繁出现的事件，所以提供了许多学习机会。在这方面，它与应对自然或人为灾害等其他可能寻求专业知识的领域有所不同。

在本节内容中，我们学到的最重要的内容是，作为一名咨询师，你应该对预感、本能和直觉持谨慎态度。但是，以下情况除外：如果它们是在高度规律和有效的环境中出现的，涉及短期预测,并且你已经进行了与之相关的大量刻意练习(在这个过程中,复杂的任务被分解为各个组成部分,并能收到具体、及时的反馈)。

在个案概念化中进行理性决策的几点建议

基于本章中提到的相关研究,为了帮助大家在个案概念化中做出明智的决策,特提供了以下几点建议。

第一,不要被生动、连贯的事件描述所过度说服。注意你的推论,尤其是那些轻易产生的推论,并考虑你是否使用了问题替换。

第二,利用研究、基准率和其他规律性证据作为反偏见工具。为此,在考虑概率时,将百分比转换为实际数字。也就是说,别再问"百分比是多少?"而是问"每1000个中有多少个?"

第三,要持续觉察咨询师擅长哪种判断,同时对哪些判断是不擅长的。了解自己的局限性:预测得越远,越不应该依赖直觉,而应该相信统计预测和一般的规律性文献。

第四,警惕过度自信。你对个案概念化的信心并不能证明它实际上是可靠的;相反,试着创建一个替代方案并通过对二者进行比较来挑战你原先的构想。与同行一起批判你的个案概念化是很有帮助的,还可以使用清单来保障解析的基本要素齐全。帕特·克罗斯克里(Pat Croskerry)和杰弗里·诺曼(Geoffrey Norman)提出了一些具体策略来帮助纠正过度自信(2008)。

第五,确保提供的治疗环境是友好的,而不是邪恶的。通过结构化心理咨询体验，咨询师可以创设一个可预测的、一致的和稳定的环境，这将有助于获得准确的直觉。获取反馈并挑战你的直觉将有助于确保它们的准确性。

第六，告诉自己可以表现得更好。正如我们所看到的，努力付出对践行合理的临床判断很重要。

小结

本章开头描述了安杰拉的案例，她是一位寻求心理咨询的当事人，认为自己从3岁起就遭受了撒旦仪式虐待和性虐待。我讨论了她的说法中各个让人产生怀疑的方面。我讨论了认知科学中出现的两种思维方式：一种是系统1，它是自动化的、低资源消耗的、快速的和直觉性的；另一种是系统2，它是费力的、高资源消耗的、慢的和系统的。我回顾了这两种系统（主要是由系统1引导）可能导致我们陷入的思维误区，以及这些失误如何在个案概念化中发挥作用。我还讨论了在什么情况下，主要由系统1引导的直觉会有助于个案概念化，以及在什么情况下不起作用。最后，我为咨询师提供了相关建议，帮助他们在个案概念化时进行合理的思考。咨询师需要对相关心理学研究有深入了解，从而可以采用恰当的视角来看待安杰拉这类案例，并在治疗中运用这些知识。在记住这些注意事项的基础上，接下来我将转向个案概念化的另一个关键方面，即在个案概念化中考虑当事人所处的文化背景以及个案概念化发生的环境。

第3章

构建文化敏感的个案概念化

有关心理咨询的个案概念化中的文化的相关文献相对较少，这是不幸的，因为文化总会静静地渗透并影响着个案概念化的每个方面（Ridley & Kelly, 2007）。我在北卡罗来纳大学教堂山分校的临床受训期间，一位精神科医生谈到的文化对临床工作的影响力给我留下了深刻印象。在我实习期间，我们每周花一个上午评估因家庭中的孩子被确认为有问题而转介给我们的家庭。通常，精神科住院医生会先收集与症状和体征有关的信息，接着社会工作专业的学生会了解心理社会史，然后临床心理专业的学生（也就是我）会进行一些心理测评。其中，有一个来自北卡罗来纳州农村的低收入家庭在早上的评估中显得尤为不安。这个家庭成员包括父亲、母亲和8岁左右的男孩。他们说话时，别人几乎听不到他们的声音，而且他们回答问题的时候话也很少，大部分时候都是沉默不语。在经受了学生们的询问和探究后，他们最终见到了精神科主治医生。我所认识的这位医生是医学院里的一位说话得体、老练而备受尊重的医学院资深教授。但当他走进房间时，他慢慢地走到椅子边，坐下来，身体前倾，然后用一种柔和、浓重的北卡罗来纳农村口音进行自我介绍（比我与他交谈时的口音更重一些），说话的语气就好像他是这家人的邻居。他问的问题都很简短，措辞都是一些简单的话，还会用农村的习语。几分钟后，这个家庭肉眼可见地放松下来，变得更加坦率。这位精神科医生得益于来自和这个家庭一样的文化背景——他也来自北卡罗来纳州的农村，这使得他具备了我们所欠缺的可信度以及了解他们的契机。不管怎么说，这件事向我展示了建立即刻的文化联结的力量。

在本章中，我将阐明把文化视角应用于每一个个案概念化的理由。本章结构包括回顾关键定义，讨论文化普遍主义与相对主义，然后阐述为何从文化的角度来看待个案概念化是非常重要的。接下来，我会讨论文化如何影响了一些严重心理障碍的表达，然后将宗教和精神性作为个案概念化中文化的一部分进行考虑。我还会讨论各种将文化纳入个案概念化的方法的共性。最后，我提供了一些建议来帮助形成一个文化敏感的解析。

概念界定：文化、人种、种族和少数族群

对于学者而言，给"**文化**"下定义是一件很困难的事情。阿尔弗雷德·路易斯·克罗伯（Alfred Louis Kroeber）和克莱德·克拉克洪（Clyde Kluckhohn）综述了150多种学术定义（1952），在此基础上提出了他们对于文化的定义，而这个定义也经受住了时间考验：

文化由显性和隐性的行为模式以及指导行为的模式构成，它通过符号来获取和传递。文化涵盖了人类群体独特的成就，包括其在器物中的体现。文化核心的基本要素是传统（即历史上衍生并经选择传下来的）观念，特别是其所附着的价值观组成；文化系统一方面被视为行动的产物，另一方面也可以被视为进一步行动的条件。（p. 181）

这个定义的核心思想在于，文化是一系列的思想和与之相关的价值观的集合，这些思想和价值观体现在个体和群体的行为中，并随着时间的推移获得了对个人和社会的稳固的影响力。文化以人们通常没有意识到的方法将大家联系在一起。正如作家塞缪尔·约翰逊对习惯的形容一样，文化的纽带"在刚开始特别微弱以至于不易觉察，而一旦察觉到时，却已经坚不可摧了"。

查尔斯·R.里德利（Charles R. Ridley）和谢恩·M.凯利（Shane M. Kelly）明确了（2007）文化与个案概念化相关的几个特征。第一个特征是，文化贯穿于所有的人类经验中，因此在个案概念化过程中文化始终存在。第二个特征是，文化是以一种内在的方式被经验到，但也具有外部参照。例如，一名西班牙裔男子可能会因照顾失业的成年家庭成员而体验到与文化规范有关的愤怒、怨恨和内疚等情绪，而所有这些最后会在临床上表现为焦虑。第三个特征是，来自相似文化背景的人受到的文化影响有差异。文化只是塑造个体身份认同的众多因素之一。文化对个体产生影响的方式也是因人而异的。第四个特征是，文化是一个宽泛且多维的术语，它不仅用种族和民族来区分不同群体，还包括用年龄、社会经济地位、性取向、性别认同、宗教、职业和教育等其他特征来区分。文化包含着许多成分，它们在每个个体中都有独特的表达。

"**文化**"这个词有时与**人种**、**种族/民族**和**少数民族**等术语互换使用，但每个词都有明确不同的含义，记住这一点是有帮助的。"**人种**"这个词最初是由欧洲科学家发明的，用来根据肤色、面部特征、发型和地理来源等身体特征来区分人们（Betancourt & López, 1993; Hays, 2008）。然而，作为一个科学概念，这是有问题的，因为许多以人种为基础确定的群体在群体内的异质性大于群体间的异质性。例如，亚裔美国人这个术语被用于形容将自己祖籍追溯到任何一个亚洲国家的美国人，但每一个亚洲国家都有自己的主流文化和亚文化。从这一点来看，这个术语更适合被看作是社会建构而非科学建构（Hays, 2008）。作为一个构建概念，人种在身份认同、价值观、优先级和社会角色等方面对人们来说通常有重要的社会意义。因此，在解析时，了解特定个体对此的意义可能是重要的。

种族/民族与文化的含义有重叠之处，并且能提供比人种更多的个人信息。民族指的是来自特定地区的人们之间共有的社会和历史模式以及集体认同（Duckworth, 2009）。它传达了"民族性"和共同祖先的概念（McGoldrick, Giordano & Garcia-Preto, 2005），包括与祖先相联系的信仰、规范、行为、语言和习俗（Hays, 2008）。举例来说，一位患者把她的焦虑情绪归结于父母的欧洲血统。她的母亲从种族上说是来自乌克兰东部的俄罗斯人，患者认为母亲高度紧张的情绪是与之关联的。她的父亲来自斯堪的纳维亚半岛，患者则把自己在焦虑不安时仍能保持外在平静的能力与之联系起来。由此可见，种族是一个比人种更细腻的概念，是身份认同的另一个成分，并且可能在个案概念化中具有重要意义。

"少数族裔"这个词相比人种或种族更具有政治意味，它被用来形容那些获得权力的机会受到主导文化限制的群体（Wang & Sue, 2005）。少数族裔的地位并不一定和相对人口规模有关，而是政治权力的问题。帕梅拉·A.海斯（Pamela A. Hays）指出（2008），在种族隔离时期的南非，黑人在数量上占多数，但相对于占主导地位的白人群体而言，黑人的地位是少数。在美国的相对政治权力体系中，"少数族裔"一词不仅指种族、宗教、民族和性别等数量上的少数群体，还包括老年人、穷人、受教育程度较低的人、农村人口或原住民、残疾人、妇女和儿童（Hays, 2008）。少数族裔地位可能带有积极的内涵，包括共享的文化意义、扩大的支持来源和共同体意识（Newman & Newman, 1999）。因此，少数族裔地位的意义在个案概念化中可能是多面的，既有积极内涵，也有消极内涵，此外，它与政治赋权的关联可能会影响咨询师与当事人的关系。

文化普遍主义与文化相对主义

事实上，心理学界所有关于文化的讨论都可置于一个连续谱之中，一端是普遍主义观点，相对主义或文化主义观点则位于另一端（Chentsova-Dutton & Tsai, 2007; Draguns, 1997）。**普遍主义**

观点认为，基本的精神病理过程是全人类共有的，不同文化中对各种疾病的表达差异只是附带现象。该观点的支持者引用了相关研究，表明抑郁障碍和精神分裂症（以此为例）的核心症状在多个西方和非西方文化中都存在（Draguns, 1997）。在连续谱的另一端，文化相对主义观点认为，文化渗透在人类经验中并且难以分割，只有结合特定文化背景才能够理解精神病理的表达，并且进行跨文化的比较往往是徒劳的。文化主义者声称，普遍主义者冒着将西方的心理疾病分类强加于非西方文化的风险，生成了一种具有误导性的普遍主义外观，从而忽视了适应不良所具有的独特的、文化构建的意义。例如，将西方文化中的"幻觉"概念应用于描述美洲原住民治疗过程中的幻象体验（McCabe, 2007）。大多数学者在这两个极端之间找到了一个折中的立场。

普遍主义-文化主义连续谱与个案概念化的关联在于，它可以帮助咨询师解释跨文化研究，从而更好地理解来自陌生文化的当事人。它还可以帮助咨询师认识到自己理解他人经验和能力的局限性，从而更有动力地采用一种谦逊、尊重、共情、耐心和理解的态度对待来自不同文化的个体。了解这些观点也有助于个案概念化者更好地对文化议题进行组织和概念化。

为什么要在个案概念化中考虑文化因素

结合上述定义，我想提出个案概念化需要考虑文化因素的五个理由。

第一，不考虑文化因素会增加沟通不畅、缺乏理解以及共情不准确等的可能性，而这反过来又会导致不恰当的个案概念化以及无效的治疗（Ridley & Kelly, 2007）。对一个人所呈现的文化背景的理解不足可能导致过度病理化或是病理化不足。安德鲁·M.波默兰茨（Andrew M. Pomerantz）引用了（2008）一位白人咨询师与非裔美国当事人的例子，在这个案例中，当事人对于涉及透露个人细节方面的内容表现得犹豫不决，多次询问保密的事项，并且大声质疑咨询师为什么要问这么多问题，这名当事人表现出了抑郁和酗酒的症状，但咨询师得出的结论是偏执。根据波默兰茨的观点，咨询师过度病理化了当事人的行为，因为咨询师没有意识到非洲裔美国人文化中的规范，特别是在向白人咨询师寻求心理服务时会受到文化差异的影响。在这种情况下，非洲裔美国男性表现出警惕并非异常（Hines & Boyd-Franklin, 2005）。病理化不足的例子可见于玛雅·安吉罗（Maya Angelo）创作诗歌《当我想到我自己》（When I Think About Myself）的灵感来自纽约市的一名女清洁工来说明。女清洁工坐在公交车上，发出了生存的苦笑。她虽贫穷但自尊自强，是一个努力而踏实地工作的人。人们可以想象到她被雇主羞辱和忽视的画面。在这首诗中，当她想到自己时，她笑得肚子疼。正如玛雅·安吉罗所描述的："如果你不了解黑人的特征，你可能会认为她在微笑。其实她根本没笑。她只是在运用那种古老的生存机制，仅此而已。"（Angelou, 1977）借用安吉罗的话，如果不了解"黑人的特征"，咨询师可能只会看到她表现出来的微笑、骄傲、笑声和职业道德，而并不探索她可能掩盖的抑郁以及关于生活的一系列痛苦的思考和感受。

在个案概念化中要考虑文化的第二个原因是，心理咨询的语言以及心理咨询的个案概念化的语言都融入了文化。正如布鲁斯·E. 瓦姆波尔德（2001a）所写："心理咨询是一种根植了文化的治愈实践。"（p.69）文化所蕴含的隐喻和意义系统提供了一套解释机制，帮助当事人更好地理解他们所面对的问题。继杰罗姆·戴维·弗兰克（Jerome David Frank）之后（1961），瓦姆波尔德（2007）主张这些解释是心理咨询的核心。他认为，只有当这些解释在特定文化界限内，当事人才会接受。

第三，元分析证据表明，具有文化适应性的心理咨询比非文化适应性的心理咨询更有效（Benish, Quintana & Wampold, 2011; T. B. Smith, Rodriguez & Bernal, 2011）。因此，具有文化适应的个案概念化可能会增强咨询效果。值得注意的是，在一项元分析中，唯一显著的调节效应是当事人是否接受了一个基于协作并源自文化的理由，且这个理由为当事人的问题提供了可信的解释（Benish et al., 2011）。

第四，与刚才提到的观点相关，文化胜任力可能有助于改善治疗结果。**文化胜任力**指的是"知道那些使一个特定群体与其他群体有所不同的因素，知道表征一个特定文化群体的共通的人际和社会经验，知道对于既定群体成员而言，群体内和群体间经验的重要性，以及了解显著群体经验与治疗过程的相关性"。（Duckworth, 2009, p. 63）扎卡里·E. 伊梅尔（Zachary E. Imel）及其同事（2011）发现，一些咨询师在与白人当事人一起工作时的效果和与种族/民族少数群体一起工作时显著不同。类似地，杰西·欧文（Jesse Owen）、伊梅尔、吉尔·L. 阿德尔森（Jill L. Adelson）和埃米尔·罗多尔法（Emil Rodolfa）研究了（2012）

第 3 章 / 构建文化敏感的个案概念化

在未事先知会咨询师的情况下便结束咨询的当事人——这是脱落的一种表现形式,通常与脆弱的咨询同盟和不理想的咨询效果密切关联,研究者发现在少数种族或少数民族当事人的脱落率比白人当事人要高。此外,面对某些咨询师时,少数种族或少数民族当事人更有可能脱落。这些研究表明,一般胜任力和文化胜任力可能是不同的技能,并且会分别对心理咨询效果产生不同的影响。

在个案概念化中要考虑文化的第五个原因是,文化因素可能直接导致、加速或维持某种症状和问题。这可以通过文化适应应激和刻板印象威胁等机制发生。文化适应应激是指与适应新文化相关的心理问题(C. L. Williams & Berry, 1991)。这些压力包括:改变一个人的价值观、态度、行为和身份;文化习俗之间的不一致;语言障碍和歧视。文化适应应激可以表现为焦虑、抑郁、被边缘化和疏离感、心身症状和认同混乱。虽然新移民特别容易受到伤害,但文化适应应激也会影响他们的下一代。刻板印象威胁指的是极容易受到内化对自己所在群体的负面刻板印象的影响(Steele & Aronson, 1995)。它已被证明会对少数民族的学习成绩产生不利影响,也可能与自尊心受损、焦虑、动机丧失和不利的职业选择有关。

疾病表达的文化差异

在本节中,我根据切恩索姓·达顿(Chentsova-Dutton)和蔡君玲(2007)的综述回顾了抑郁障碍、社交焦虑障碍以及酒精滥用这三种常见精神障碍疾病表达的文化差异相关研究结果。在阅读这部分内容时,请记住这些还只是暂时性的一般规律性发现。这些内容在多大程度上适用于你的每一个当事人,有赖于你的探索和决断。

抑郁障碍似乎存在于许多或者说是所有文化中。在西方文化中,抑郁症往往主要表现为认知和情感症状,如悲伤情绪、无价值感或绝望感。在亚洲文化中,抑郁往往更多地通过躯体症状来表达,如身体疼痛(就是字面意义的,比如"心口疼")、乏力或睡眠紊乱。也有人对于不同文化下抑郁的表达方式有所不同这点提出质疑,因为他们观察到亚洲文化中的当事人可能在最初表现为躯体症状,但当他们和健康服务提供者建立信任关系后,他们会用情感或人际关系的方式表达抑郁。

虽然社交焦虑障碍的终身患病率在西方国家要高于亚洲国家,但总体来说,社交焦虑障碍普遍存在于多种文化中。已有文献记载了社交焦虑障碍在不同文化的表达差异。患有该障碍的西方人往往害怕自己感到被羞辱或尴尬,而亚洲人则更担心他人被羞辱或让他人尴尬,这个"他人"通常是他们的家人或其他亲密的人。

酒精滥用也是跨文化存在的现象,而且不同文化中终生患病率差异很大。在那些不鼓励饮酒的国家,如埃及、印度尼西亚和伊拉克,酒精滥用的发生率较低;相反,在那些文化上重视社交饮酒的国家,如法国、德国、东欧国家和泰国,与酒精有关的问题更为普遍。这些国家内部也存在相当大的变异性。例如,在美国,与酒精有关的心理健康问题的发生率在犹太裔美国人、希腊裔美国人和意大利裔美国人中较低,但在爱尔兰裔美国人等其他族群中较高。文化差异还会影响对酒精滥用的判定标准。例如,在美国，意识不清或口齿不清等躯体症状是酒精滥用的常见指标；而在韩国，干扰他人则是更常见的指标。

再次强调，这些发现是通则式的，帮助我们多途径理解来自不同文化中、患有这三种精神障碍的当事人，但并不适用于这些特定文化中的每一个人。虽然关于精神病理学如何在不同文化中自我表达存在争议，但和当事人讨论这些意义是很重要的。

宗教和精神性

宗教和精神性可能被视为文化的一部分。从广义上来说，**宗教**是指对与某一社群或传统相关联的信仰和实践体系的遵从，社群成员对于信仰什么、如何实践有共识（Hill et al., 2000；Worthington, Hook, Davis & McDaniel, 2011）。另一方面，**精神性**的内涵更加多样化，不过它通常包含了对神圣的亲近感和联结感。它可以体现为一套特定的宗教信仰体系，也可以是与特定宗教无关的、对人类的亲近感和联结感，或是与自然或宇宙的联结感（Hill et al., 2000；Worthington et al., 2011）。

宗教信仰遍及美国以及世界各地。依据皮尤研究中心宗教与公共生活项目（Pew Research Center's Religion & Public Life Project）2008年的一项大规模调查显示，在美国，约84%的成年人认为自己归属于某一种宗教，其中78%的是基督教教派。皮尤研究中心宗教与公共生活项目2012年一项针对230多个国家和地区的全面人口统计研究发现，声称有宗教信仰的人口比例与之类似，不过不同宗教信仰的人口分布有显著差异。从全球范围来看，约32%的人自我认同为基督教徒，23%的为穆斯林，15%的为印度教徒，7%的为佛教徒，6%的信奉民间宗教，0.2%的为犹太教徒。鉴于宗教认同的普遍性，对于心理咨询师而言，明智的做法就是他们在对个案进行解析时要保持对宗教和精神性议题的敏感觉察。

最近的一系列元分析得出结论：以宗教/精神性为焦点的心理咨询是类似的、世俗版本心理咨询的有效替代方案；当把症状缓解作为主要或唯一的治疗目标时，没有实证证据表明宗教/精神性疗法优于现有疗法（Worthington et al., 2011）。研究者建议，是否要在治疗中融入当事人宗教/精神性信仰或实践应遵从当事人的需要和愿望。咨询师应该把这作为个案概念化过程的一部分去主动询问与宗教/精神性有关的信仰或承诺，并以既符合当事人偏好也让咨询师感到舒适的方式融入心理咨询的过程中。做到这一点其实很简单，咨询师只需要直接询问当事人他们的宗教或精神信仰，这些信仰是否影响了他们看待自己的问题，以及如果要把宗教或精神性相关内容纳入到治疗中的话，他们有什么样的偏好。当然，无论治疗中是否明确纳入了这部分，咨询师都应该始终尊重当事人的宗教和精神信仰。

文化敏感的个案概念化模型

许多模型可以用来帮助建立文化敏感的个案概念化（Hays, 2008; Ingram, 2012; Ridley & Kelly, 2007; Sperry & Sperry, 2012）。在这一节，我将在大部分模型的共性基础上提出一个四步骤模型。

步骤一，要评估当事人的文化认同。他对自我的感知是如何被一种文化或种族群体之一的身份所界定的？当事人感到自己忠于的文化或种族参照群体是什么样子的：原籍国、居住国还是其中某一个国家内的亚文化？需要注意的是，当事人可能会有多种甚至相互冲突的身份认同。要考虑文化适应的程度以及是否存在文化适应的压力。

步骤二，要考虑文化是否影响了当事人对自己问题的解释以及如何影响的。要考虑对社会压力源、社会支持和功能水平的解释中与文化相关的部分。伦·斯佩里（Len Sperry）和乔纳森·J. 斯佩里（Jonathan J. Sperry）建议（2012）倾听能展现个体对自身状况理解的词语、习语以及解释。芭芭拉·L. 英格拉姆（Barbara L. Ingram）则建议（2012），咨询师应根据当事人对自身问题理解中的文化相关内容来调整治疗计划和治疗关系。这也就意味着要在关注当事人个人与关注他/她的家庭之间选择一个最佳平衡点，要认识到从某些文化的视角看，仅仅关注个体是不合适的。

步骤三，将文化的资料整合到个案概念化的剩余部分。要考虑人格因素与文化因素分别在多大程度上导致了个人问题的出现。例如，伦·斯佩里和乔纳森·J. 斯佩里（2012）的研究表明，当文化适应度高时，文化因素可能在个案概念化中的作用相对较弱，而人格动力则起更大作用。此外，基于对当事人的文化自我认同和他们对自己问题的理解，咨询师可能会选择一个指导性更强或更弱的治疗方案。

步骤四，要考虑文化因素如何影响咨访关系。咨询师和咨询同盟的可信任程度可能取决于咨询师在多大程度上表达对个体文化价值观、态度和行为的尊重。在表达对个体文化的尊重时，诸如眼神接触、身体距离、言行举止的正式或非正式程度等互动因素也会发挥作用。要意识到文化差异可能会导致初始阶段的不信任。在提问时要考虑措辞，以避免当事人会感到问题具有侵入性或窥探性。要考虑文化和社会地位的差异，以及这些差异会如何影响治疗过程。

怎样制定一个文化敏感的个案概念化

在本章的结尾部分，我提了六点建议来帮助你制定文化敏感的个案概念化。

第一，通过个人层面和人际层面的工作来了解自身的文化影响因素。帕梅拉·A.海斯（2008）鼓励咨询师反思自己的文化经历和文化传承。要考虑的问题包括那些与你的年龄有关的问题，你在文化背景和教育背景上和上一代有什么不同，你与残障相关的经历有哪些，宗教因素如何影响了你的自我认同等。如果你来自社会中的主流文化群体，要考虑特权在你生活中的作用，因为特权会限制你与来自非特权文化的人产生共鸣的能力。咨询师可能会无意中吓到他人，或者被来自非主流文化的人认为是居高临下、轻蔑的或"不会明白的"。

第二，追求一种谦逊、慈善和真诚的态度。正如帕梅拉·A.海斯（2008）提到的，休斯敦·史密斯（Huston Smith）在对世界主要宗教流派研究的基础上，提炼出（1991）所有宗教共有的这三个要素：**谦逊**是一种与他人平等相处的能力，既不自视优越也不低人一等；**慈善**意味着对他人采取同情的态度，追求尽可能全面而无私地理解他人的经历；**真诚**不只是简单地说真话，而是"崇高的客观性，如其所是地看待事物的能力"（H. Smith, 1991, p. 387）。如果没有这些价值观作为基本态度，任何其他的多元文化胜任能力的培训是很难成功的。

第三，花时间去学习你的当事人的文化历史。斯坦利·苏（Stanley Sue）建议（1998）咨询师学习他们当事人的文化。通过了解他们所处环境的社会历史和政治历史，你能够将你对当事人世界观的理解转化为有效的个案概念化和治疗方案。如果这个人是难民，是由哪些原因（政治、经济、宗教或社会争端）使其沦为难民的？去理解个体家乡文化中的疗愈仪式和实践也有助于塑造个案概念化和治疗计划。展示和传达我们试图去理解个体所来自的更宏观的环境的努力，有助于建立信任，让当事人感到轻松自在。

第四，警惕咨询师微妙的文化偏见。我们都是自己所处文化的产物，因此我们可能没有意识到文化是如何影响了我们的态度和人际互动的。我们都受到无意识偏见的影响，有一个现象清晰反映了种族态度如何成为一种自动化的社会认知并以我们没有意识到的方式影响着我们。达尔德·温·苏（Derald Wing Sue）及其同事（2007）将其命名为**"种族微侵犯"**，即"因为对方属于某个少数种族群体，而在简短的日常交流中向有色人种传递带有诋毁意味的信息"。（p.273）达尔德·温·苏举了一个例子，一位白人咨询师被一个非洲裔美国人当事人问到种族会如何影响治疗，他回答说："种族不会影响我如何对待你。"尽管这个回应是想让对方安心，但可能会传递了另一个信息，即当事人的种族并不重要或不会发挥作用，或是咨询师缺少自我觉察。

第五，要对文化规范保持觉察，但不要预设你的当事人一定遵从他所处的文化规范。要认识到，一个人来自某种特定的文化，并不一定意味着他认同该文化的主流价值观。由于精神病理学涉及适应不良，我们甚至可以预料到一些当事人不会认同或接受这些价值观。然而，即使一个人不认同其所身处的文化或原籍文化的规范，也并不意味着他们就没有受到这些规范的影响。一位非洲裔美国女性在治疗初期就知会我，因为她不信任非洲裔美国男性，才特意找了一位像我这样的白人心理咨询师；反过来，也不要仅仅因为你与当事人的文化有某些共同之处，就假定你懂他们对这种文化的体验。

第六，要认识到对于每个个体而言，其身份认同是文化和其他影响因素以一种独特方式结合的结果。文化只是构成当事人身份认同的众多影响因素之一。每位当事人都是独特的，个案概念化既不应该过分强调文化对个体自我呈现的影响，以至于忽视了人格、生物学、人际功能或其他许多因素的作用，也要避免完全忽视文化的作用（Hays, 2008；Ridley & Kelly, 2007；Sperry & Sperry, 2012；S. Sue, 1998）。

第4章

整合心理咨询背景下的个案概念化

正如前言中所述,本书所描述的个案概念化模型是基于循证的、整合性的,使得其能适用于任何一种心理咨询理论取向。该模型的整合性体现在以下两个方面:第一,它可以融入不同的单一治疗理论模型;第二,它还可以同时兼容不同的理论观点并由此形成一个连贯的个案概念化。

以整合性的方式进行个案概念化的原因

为什么要采用整合性的方式进行个案概念化呢?原因如下。

首先,整合取向在实际从事治疗的咨询师中非常普遍,甚至被业内称为"心理咨询的支柱"(Norcross, 2005, p.3)。调查表明,北美的绝大多数咨询师所认同的理论取向并不唯一,而在整合取向中,认知行为疗法通常处于主导地位(Cook, Biyanova, Elhai, Schnurr & Coyne, 2010;Norcross, Karpiak & Santoro, 2005)。很少有咨询师说自己在实践中完全只采用一种理论取向,而从调查数据来看,这部分人群占比在 2%～10%(Cook et al., 2010;

Norcross et al., 2005）。在其他国家和地区的调查也同样显示了对整合心理咨询的强烈支持。在一项覆盖20多个国家，共有3000多名咨询师参与的调查中，54%的咨询师表示他们在实践中会借鉴多种不同的理论观点，而不是仅限于某一种特定的治疗方法或理论体系（Orlinsky & Rønnestad, 2005）。因此，以一种整合的方式进行个案概念化能够灵活应对大多数实际从业的咨询师的理论取向。

将通用的个案概念化模型建立在整合治疗方法上的另一个原因是，在个案概念化的引导下，咨询师可以根据当事人带来的特定问题来组合量身定制治疗方法，而这是单一理论取向无法做到的。整合视角使咨询师能够借鉴多个理论视角和干预策略，以及在心理咨询范畴外建立的心理学知识，包括与心理咨询相关的认知科学、发展心理学或社会心理学的发现。

美国心理学会临床心理学分会和北美心理咨询研究学会联合成立了一个特别工作组，这个工作组总结了一系列有实证支撑、跨理论的治疗性改变的原则，这些原则对于治疗各种心理障碍都是有益的（Castonguay & Beutler, 2006）。例如，外向型的人在抑郁时，往往更从那些行动导向的干预措施中获益，而内向型的抑郁个体则从反思性治疗方法中受益更多。

杰奎琳·B. 珀森斯（Jacqueline B. Persons）阐述了（2008）她支持使用个案概念化来促进定制化的认知行为疗法的理由。她指出，人们寻求心理咨询的问题中，有许多都还没有实证支持的治疗方法，而个案概念化取向使得咨询师能够将已有实证支持的疗法进行调整以适配这些问题。当咨询师不再将个案概念化局限于认知行为这一流派后,他们将有更广泛的视野,能看到更多其他的解释和治疗方案。不同于治疗手册,个案概念化指导下的方法取向可以综合考虑多种同步进行的治疗的作用,比如在个体心理咨询之外选择药物管理、教会的支持团体以及参加匿名戒酒会等。

采取整合视角的第三个原因是,大多数关于心理咨询效果研究的元分析表明,没有一种单一的理论方法始终优于其他方法,特别是在比较真实可信的治疗方法,并且在统计上控制了研究者对特定方法的偏爱之后,这种现象更加明显(Lambert, 2013a; Wampold, 2001b)。这些结果表明,对效果有解释力的大部分因素都不是来自某一流派的特定干预方法或技术,而是所有不同疗法所具有的共同特征,包括当事人和咨询师各自的特点、改变过程、治疗结构和关系要素等(Grencavage & Norcross, 1990)。基于对大量研究文献的综合分析,迈克尔·詹姆斯·兰伯特(Michael James Lambert)推断(2013a),在解释心理咨询成效时,当事人及其环境因素贡献了40%的解释力,当事人对咨询成效的期望占据了15%,剩余的30%归因于其他共同因素,而特定治疗技术仅能解释其中的15%。兰伯特强调,技术是心理咨询的重要组成部分,只不过人们应该正确看待这些技术的效果。接着,他将共同因素归为支持性、学习性和行动性三类。支持性共同因素包括宣泄、孤独感减轻、提供一个安全的环境、对咨询师专业性的认可,以及咨询师表达出来的温暖、尊重、共情、接纳和真诚。学习性共同因素包括情感再体验、问题经验的同化、认知学习、矫正性情感体验、反馈、洞察、对个人内在参考框架的探索以及改变对个人效能的预期。行动性共同因素包括认知掌握、鼓励尝试新行为、直面恐惧、模仿、行为练习和情绪调节、现实检验以及冒险。

共同因素的作用最早由索尔·罗森茨维格（Saul Rosenzweig）提出（1936），并由弗兰克（1961; Frank & Frank, 1991; see also Duncan, Miller, Wampold, & Hubble, 2010）进行了最全面的发展。弗兰克进行了一项心理咨询的比较研究，研究结果表明，各种心理咨询方法具有四个共同特征，这些特征共同解释了心理咨询实践效果的大部分原因。第一个特征是，当事人和咨询师之间建立起情感充沛且亲近的关系。治疗关系的影响已经得到广泛研究。咨询同盟的强度与咨询效果之间的相关系数平均值为 0.22（Martin, Garske, & Davis, 2000）。然而，人们对于积极的治疗关系是否直接导致了治疗的成功，还是说好的治疗关系仅仅是其他导致治疗成功因素的副产品这一问题持有不同的看法（Barber, Khalsa, & Sharpless, 2010）。

弗兰克所提及的第二个共性特征在于，治疗关系存在于一个受限且得到文化认可的环境之中，其中各方角色的界限分明：当事人在专业人士面前展现自我，相信该专业人士具备提供帮助的能力，该专业人士被当事人信任以代表其进行工作。此外，心理咨询通常在特定的时间框架内，在仅限当事人与咨询师出现的办公室中进行，治疗需支付相应费用，并且通常会设定明确的治疗次数。自从 1961 年弗兰克的书首次出版以来，鉴于心理咨询学科逐渐与医学模式靠拢，并通过与医疗实践的结合获得了所谓的"光环效应"，心理咨询社会背景的影响力显然已经得到了增强。这些进展提升了心理咨询在社会文化中的认可度，并为过去数十年来稳定的使用率提供了支撑（Olfson & Marcus, 2010）。

弗兰克提出的第三个特征是，当事人和咨询师共同接受了一个关于当事人症状和问题的可信且有说服力的解释。这个解释包含了解决问题的路径或一系列步骤。这条路径源自对问题的解释，而且必须同时被当事人和咨询师所认可。这个解释必须与当事人的世界观、态度和价值观保持一致。如果不一致，咨询师则需要协助当事人调整以与这个基本原理达成一致。心理咨询的个案概念化与弗兰克提到的第三个特征尤为相关。从认知模型的角度来看，当事人的问题和症状可以通过有问题的思维模式来解释，这些模式使人更容易产生症状和问题。疗愈源于识别并改变或应对这些思维模式，而这一般是通过一系列特定的行为步骤来实现的。从精神分析的视角来看，问题是由无意识、冲突性愿望以及恐惧引发并导致症状的出现，可以通过探索和洞察这些愿望和恐惧的本质来缓解症状。而在行为主义的立场上看，问题则是强化与刺激控制环境两者之间的偶然性关联，这种关联是适应不良的，且可以通过改变环境来解决行为问题。这些方法都符合弗兰克提出的标准，即提供一个有说服力、可信的解释以及一个基于提出的解释而制定的治疗方案。弗兰克的观点颇具争议性，因为对于当事人问题的任何一种解释的真实性并不重要，关键是当事人和咨询师是否相信它们。

弗兰克所提到的第四个共同特征是，约定好的治疗方案需要当事人和咨询师双方主动参与。与大多数医学治疗不同，心理咨询的当事人不是被动的受照顾者，而是自身改变的积极推动者。当事人的主动性被认为是改变的治疗性成分。

总而言之，本书中提出的整合个案概念化模型既适合心理咨询的整合性视角，也适用于任一单一理论取向的治疗。很多咨询师在执业过程中都采用这种方法。通用的个案概念化方法使得咨询师能根据当事人个人的具体问题量身定制治疗方案，并使用心理咨询研究人员和学者提供的多种干预措施来规划治疗。最后，它与元分析研究发现一致，即不存在一种优于其他治疗方法的方法，是共同因素而非特定的、单一理论的干预或技术解释了治疗性改变的大部分。在这样的背景下，我现在将描述一个基于实证的、整合性的、个案概念化为指导的心理咨询模型。

以循证的整合性个案概念化为导向的心理咨询

图 4-1 展示了本书中描述的个案概念化方法是如何嵌入心理咨询模型的。该图结合了杰奎琳·B. 珀森斯、丹尼尔·B. 菲什曼（Daniel B. Fishman）和唐纳德·R. 彼得森（Donald R. Peterson）等人提到的要素，并可以与其他整合性个案概念化方法进行对比（e.g., Jose & Goldfried, 2008；Sperry & Sperry, 2012）。如图 4-1 所示，首先收集信息，这是个案概念化的基础。"解析"这一要素包含四个连续的子要素：创建问题清单、诊断、提出解释性的假设以及制定治疗方案。接下来就是开展治疗，伴随进程监测，直到治疗结束。尽管图 4-1 是依序来呈现这些步骤的，但这些步骤并不是严格按照顺序进行的。例如，信息收集和进行解析也可能要在治疗环节考虑到。在本章中，我只是简要地讨论每个元素，本书的第二部分会有更细致的内容。

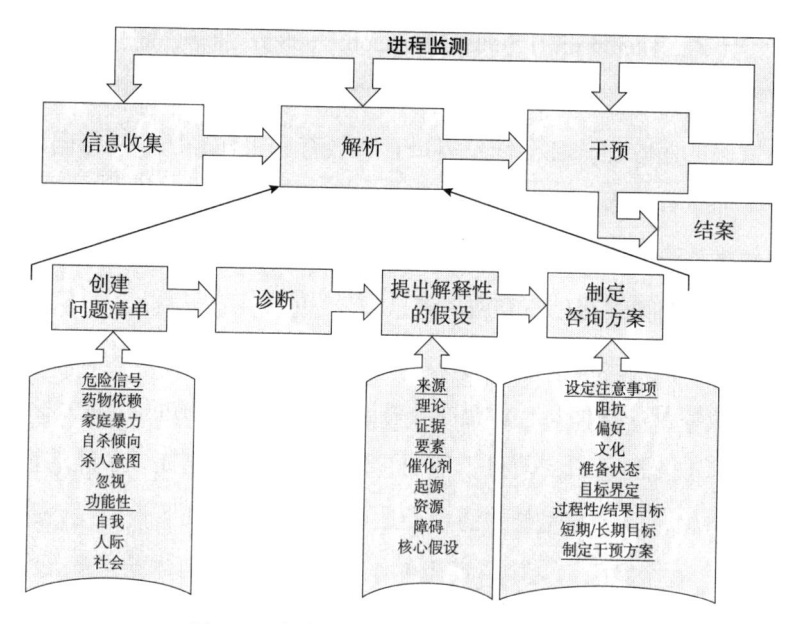

第 4 章 / 整合心理咨询背景下的个案概念化

图 4-1 个案概念化和治疗的整合性模型

收集信息

任何形式的心理咨询的第一步都是从当事人那里收集信息。这通常是以访谈的形式进行的。不过，咨询师也可能会使用症状测量工具、心理测试、翻阅记录以及与当事人生活中的其他人（包括其他当前或曾经的治疗提供者）进行面谈。这些信息通常被用作个案概念化的输入性信息。这并不完全是一个按顺序进行的过程，因为信息是在整个心理咨询的过程中逐渐获得的。随着咨询师与当事人真实互动过程的展开，信息收集、解析和治疗等治疗元素紧密交织。

关于如何收集信息以进行个案概念化和治疗，已经有很多建议了（e.g., Benjamin, 1996b；Morrison, 2008）。通常，需要如下特定类别的信息：主诉、自我和家庭的心理问题史和治疗史、自我和家庭的医疗史、社会性发展历程、教育和工作经历、法律问题史（如果有的话），以及有关当事人心理状态的信息。这些信息对于个案概念化是有用的，但是作用有限。此外，为了进行个案概念化，还需要过程信息和叙事信息。

过程信息关注个体如何呈现自己。在心理状态测验中会或多或少地涉及一些信息，但是个案概念化中所需要的过程信息并不同于标准化测量中的信息，即便它们是有用的（例如，个体的情绪和情感、记忆、完整并清晰表达想法的能力，现实检验是否受损等）。在个案概念化中，反思你作为咨询师是如何体验当事人的状态是有帮助的。你能否体验到和当事人的联结？当事人是否能够连贯地叙述事情经过？当事人在对自己生活中的他人进行描述时是否生动，还是显得刻板或模糊？这类信息可以让咨询师知道当事人对自我和他人的心理表征的质量。

叙事信息对于形成个案概念化是非常有帮助的，特别是关于当事人生活中的特定故事或事件的描述。我要求学生与当事人一起在"他说，她说"的细节水平进行交互性的探索，以更全面地了解当事人与他人的互动性质、自我概念和导致问题的事件序列。这种方法与莱斯特·鲁伯斯基（Luborsky & Barrett, 2007）强调基于关系事件的叙事来进行个案概念化是一致的。同样地，凯莉·克纳（Kelly Koerner）从辩证行为疗法的角度出发推荐（2007）进行**关系链分析**，即检查导致最终问题事件（如自杀尝试、愤怒爆发、恐慌发作或令人烦恼的心理状态的出现）的相关事件的时间序列、思维模式以及情感。莱斯利·S.格林伯格和朗达·N.戈德曼（2007）也从情绪焦点治疗的角度推荐了类似的方法。在收集信息进行解析的过程中，洛娜·史密斯·本杰明（1993a）建议咨询师采用"形式自由"的方法，而不是机械地按顺序收集上述所有内容领域的信息。她所说的"形式自由"是指跟随当事人的思绪流动，也就是说，根据当事人的感受状态或对当事人无意识心理过程的感觉来引导。如此一来，咨询师不仅能收集到所需要的内容，还能获得关于当事人如何思考和感受这些内容的关键信息。其结果就是获得丰富而详细的信息，为个案概念化打下基础。

进行解析

正如上文所述，关于基于实证的整合个案概念化导向模型的内容是本书第二部分的主题。在这里，我只是简要描述该模型的四个基本行动步骤：（1）创建问题清单；（2）诊断；（3）生成解释性假设；（4）制定治疗方案。

在前言中提到，学生经常在如何着手进行个案概念化上感到困惑。在基于实证的整合个案概念化导向模型中，始终从创建一个全面的问题清单开始。随着咨询师决定如何最好地聚焦治疗，这个清单将会被精简为更短的版本。

第二步，诊断。从实践角度考虑，诊断至关重要，但也存在很大的局限，这部分内容将会在第6章进行讨论。

第三步，生成解释性假设。这是个案概念化中最具挑战性的部分，它涉及收集信息并使用现有的实证资源、理论和临床专业知识，包括文化胜任力，来提供咨询师对该问题的起因、维持和触发因素的最佳解释。如图 4-1 所示，这个步骤有两个广泛且相互交织的信息来源：理论和证据。理论指的是任何得到实证支持的、助于解释问题的假设，包括关于行为和认知过程的基础研究、随机临床试验结果以及精神病理学研究发现。证据指的是可以帮助解释问题的其他可靠信息来源，包括流行病学研究、心理测量结果以及当事人提供的叙事或其他自传体信息。此外，无论是什么理论取向，所有的个案概念化都应该考虑诱发性压力源、起源、资源和阻碍这四方面的因素。诱发性压力源是触发困扰症状的事件，它们通常是当事人预约心理咨询的直接原因。起源指的是对关键经历、创伤和学习事件的叙述，这些事件不仅被认为影响到当事人当前的表现，而且也对当事人的世界观或者说是对世界的广泛性的、公理性假设产生影响，它们可能会直接表达出来，也可能没有。通常，可以从这样的表述中捕捉到相关信息，如"不要信任别人""世界是一个残酷的地方"或"如果你努力工作并尽力而为，最终会有好结果"等。资源是当事人带到治疗中的优势。障碍是可能干扰治疗成功的因素。

制定治疗方案是个案概念化的最后一个基本步骤。正如第 8 章所述，这一步的目标是将生成解释性假设操作化为一系列指导治疗的步骤，从而帮助当事人解决问题，这也是治疗的焦点。它包括对短期目标和长期目标的清晰陈述、中间过程和终极目标，以及为了实现这些目标需要遵循的步骤。

治疗干预

关于治疗干预方面的文献已经非常丰富了。由于治疗干预并

第4章 / 整合心理咨询背景下的个案概念化

不是本书的重点，在此我将提到治疗与个案概念化之间关系的三个要点。

首先，治疗方案只是一个计划，随着治疗干预的进行，治疗方案会不可避免地发生改变。咨询师应该时刻准备好修订治疗方案，根据当事人对方案实施后的反应来调整治疗干预。此外，新的、意料之外的问题也将出现，咨询师也需要因此重新进行个案概念化。在考虑治疗方案与心理咨询实施阶段的干预之间的关系时，牢记德怀特·戴维·艾森豪威尔（1957）的这句话才是明智的："方案本身一无是处，但做方案的过程至关重要。"实现这一目标的关键机制就是"进程监测"这一步，下一节将对此进行描述。

其次，个案概念化的技能不同于实施治疗的技能。一个人可能对当事人有清晰的理解，但难以将这些理解应用于治疗干预过程中。对此，杰弗里·L. 宾德（Jeffrey L. Binder）在心理咨询培训时提出（1993），要关注到"惰性知识"（inert knowledge）的问题。惰性知识是指存储在大脑中的陈述性知识，缺少了情境需要时如何以及何时应用这些知识的程序步骤。我在做督导的时候经常遇到惰性知识的问题。新手咨询师通常对心理咨询理论有很好的了解，但在不断展开的治疗过程中则遇到困难，不知道如何应用这些知识。

最后，心理咨询干预总是一方面涉及理论和方法的交织，另一方面则是咨询师与当事人在特定时间与地点彼此人性的相遇。因此，每一组治疗二元关系都是独特的，任何一方都无法准确预测治疗进程，因为任何一方都能够给另一方带来"惊喜"。

进程监测

依据美国心理学会循证实践专业工作组（2006）的定义，进程监测是心理学中循证实践的一个组成部分，它的主要目的是提供客观的反馈，以便咨询师了解治疗干预是否按计划进行，或者是否需要进行调整。研究表明，进程监测可以提升积极治疗结果，并降低治疗干预失败（Lambert, 2010）。詹姆斯·兰伯特及其同事（2004）进行了一系列研究，他们在咨询前以及咨询几次之后邀请当事人填写咨询效果问卷（the Outcome Questionnarie-45, OQ-45），结果发现，当事人初始困扰水平以及在几次咨询之后的对治疗干预的反应可以有效预测治疗干预的恶化。当咨询师收到当事人没有按照预期取得进展的反馈后，他们就能采取行动改善咨询效果。现在已经确立了具有类似问题或痛苦程度的当事人的响应曲线（Howard, Kopta, Krause & Orlinsky, 1986; Kopta, Howard, Lowry & Beutler, 1994）。例如，兰伯特（2007）进行了多项研究来调查会谈次数与咨询效果之间的关系。研究结果表明，半数当事人会在11~21次会谈后状态复原，当会谈次数增加到25~45次时，这个比例增至75%。当事人的初始功能水平不同，预测的反应也有所不同：初始功能较差的当事人需要更多的治疗干预。这些结果为咨询师对自己当事人进行进程管理提供了有效指导。

兰伯特（2007）还发现，当事人功能水平的不同方面往往以不同的速率改善。首先是症状的改善，然后是社会角色功能的改善，最后才是人际功能的改善。肯尼斯·艾拉·霍华德（Kenneth Ira Howard）、罗伯特·约瑟夫·吕格尔（Robert Joseph Lueger）、马库斯·S. 马林（Markus S. Maling）和佐兰·马丁诺维奇（Zoran Martinovich）描述了（1993）另一种替代但也很类似的模型，同样有助于监测当事人的进展。第一阶段是重振士气。在这个阶段，通过灌注希望，当事人开始感到他们能够掌控他们的问题。第二阶段是症状的改善，第三阶段是幸福感的提升。这些通用模型为咨询师提供了监测当事人不同功能领域的进展的实证性基准参照。

监测提供了检验解释性假设的手段。乔治·西尔伯沙茨（2005a）描述了一系列研究，这些研究测量了咨询师在实施了与解析一致和不一致的治疗干预之后当事人的体验深度，结果显示，实施了与个案概念化一致的治疗干预后，当事人的体验深度增加，咨询效果也随着与解析相容的干预的增加而改善。大卫·A. 怀尔德（David A. Wilder）展示了（2009, p.112）如何检验个案概念化以确定对于同一个有精神疾病的当事人问题行为的两种假设中，哪个提供了更好的解释。

研究表明，使用客观的测量方法可以将进程监测的潜能最大化。兰伯特（2007）发现，相比于仅凭咨询师单方面的判断，采用客观的进程监测方法可以更准确地预测治疗失败风险。在第2章我们已经讨论过，咨询师可能存在的认知偏见，尤其是过度自信的偏见，会影响预测的准确性。而进程监测有助于克服这些偏见。如果没有定期对问题和症状进行监测，咨询师似乎很难客观地判断治疗是否如预期那样成功。

进程监测的另一个好处是，它使咨询师能够将自己的治疗效果与心理咨询的随机临床试验结果进行比较测试。例如，杰奎琳·B. 珀森斯、尼尔·A. 罗伯茨（Neil A. Roberts）、卡罗琳·A. 扎莱茨基（Carolyn A. Zalecki）和威廉·A. G. 布雷克沃尔德（William A. G. Brechwald）为抑郁和焦虑的当事人提供（2006）基于认知行为疗法（CBT）的个案概念化，并使用与抑郁和焦虑CBT干预随机临床试验相同的测量方法在每周进行进程监测。结果发现，他们的当事人恢复和改善的比率与随机临床试验中的比率相当。

监测在咨询师和当事人之间提供了额外的沟通渠道，因此可能揭示其他方法不能发现的重要信息。有一位当事人在一个相对温暖的天气里穿着长袖毛衣来做咨询。在开始阶段，我查看了她的症状测量结果，发现她勾选了自伤或自残的问题。当我问她这个问题时，她卷起袖子，向我展示她在上周早些时候割伤自己的地方。她说如果我没有问，她不打算说任何关于它的事情，她还说，自己不能在问卷上撒谎。

应该监测什么、如何监测以及监测频率是多少？最起码的，应该按照每次会谈的基础来监测症状和"危险信号"问题，例如应该在每一次咨询中都要监测自我伤害和对他人造成伤害的风险。此外，还应考虑监测其社会角色功能、人际关系功能、咨询同盟和幸福感。建议有条件的话应使用有良好测量学指标的、客观、可量化的测量方法。如果没有现成的标准化测量方法，可以设计一个特定的测量方法来监测特定问题。最好让当事人在会谈前完成这些评估问卷，这样会谈一开始就可以先看结果。可以让当事人在等候室填问卷。我通常在治疗开始时向当事人解释，说明这些测量将帮助我们评估其过去一周的感受，并确保我们在一起工作时保持正确的方向。

目前，已经开发了几种进程监测系统，包括心理咨询效果问卷（Lambert et al., 2004）、常规评估中的临床效果系统（Barkham et al., 2001）、合作-改变效果管理系统（Miller, Duncan, Sorrell & Brown, 2005）以及简明版心理咨询与治疗评估（Halstead, Leach & Rust, 2008）。此外，可以使用诸如贝克抑郁自评量表（A.T. Beck, Ward, Mendelson, Mack & Erbaugh, 1961）、贝克焦虑自评量表（A.T. Beck, Epstein, Brown & Steer, 1988）或极其简短的量表，如 GAD-7（Spitzer, Kroenke, Williams & Löwe, 2006）和 PHQ-9（Kroenke, Spitzer & Williams, 2001）。这些测量工具都是非常快速且简单的，通常 5 分钟内就能作答完成。

虽然，监测的结果对接着进行的会谈具有临床应用价值，但仍需要谨慎对待。例如，一位当事人在每次会谈中都会说自己感到担忧和焦虑，但他在每次会谈的症状自评量表中选择的是相对无症状。当问他这两种自我报告是否存在不一致时，他解释说他不想有"记录显示"他有症状。为了解除他的顾虑，我们一致同意如果他准确填写了量表，他自己可以留着表格。另一位当事人则会夸大她的症状；她对此的解释是想确保在她准备好之前我不会先结束治疗。她还补充道，在若干年前她因不够抑郁而被"拒绝"参加一项心理咨询结果研究。因此，咨询师需要对当事人的反应集合保持警惕，因为进程监测工具可能无法测量出当事人的需要以及内心的冲突。

小结

在这一章中，我在由个案概念化指导的心理咨询背景下，介绍了一种基于实证的整合式个案概念化模型。该模型是整合性的，因为它可以融入任一单一理论的治疗方法中，并且能够为咨询师提供一个框架，帮助咨询师从多个理论以及实证支持的干预方法和技术中生成一个连贯的、高质量的个案概念化。整合性取向在实践中得到了充分证明，正如詹姆斯·兰伯特（2013a）在其对心理咨询效果和有效性的回顾中所指出的那样：

鉴于越来越多的证据表明，各种治疗方法之间存在一些特定的技术效应以及广泛的共同效应，绝大多数咨询师已经转向折中主义的方向。这似乎反映了对实证证据的积极反应，以及对过去僵化地坚持某种治疗方法的趋势的抵制。（p. 206）

本书第一部分内容至此结束。在第二部分，我将逐步细致地探讨通用个案概念化方法。同时，我还将回到第1章提到的当事人罗谢勒，以展示如何应用个案概念化的步骤。

第二部分

基于循证的整合式个案概念化模型

第 5 章

步骤 1：创建问题清单

我多年前督导的一个学生，她向我描述了一个她刚刚第一次见过的当事人。这位当事人是一位 30 多岁、受教育程度较低的无业男子，他的主诉是自己有惊恐障碍，需要药物治疗。我的学生围绕惊恐障碍的诊断标准问了他一些问题，包括是否经历过心悸、有无濒临死亡的恐惧感、是否体验到突然高涨且持续几分钟又降低的焦虑等。对于每一个问题，当事人给出的答案含糊且让人难以理解。他只是一味重申自己有恐慌症、神经受损，急需医生开具的能解释他症状的诊断书以及药物治疗，我的学生则一直坚持要评估他是否符合惊恐障碍的诊断。最终，这位当事人被激怒了，脱口而出："我爸爸是对的！他说我什么都做不成，现在我连残疾人福利都申请不到！"现在回想起来，我和我的学生才意识到"问题"并不是表面上看起来的那样。这位当事人并没有惊恐障碍，而是有经济困难，并且他内化了父亲对他的评价，即他将"永远一事无成"。这件事给我们提供了宝贵的提醒，当事人在咨询中报告的问题并不总是他们真正的问题。在本章中，我将讨论如何识别问题，并确保识别出的问题是真正重要的问题。这是形成通用的个案概念化模型的第一步——创建问题清单。

为什么要创建问题清单

创建问题清单的重要性基于以下三个理由。

创建问题清单的第一个理由是，它告诉咨询师应该对什么进行解析。问题指的是解释性假设试图解释的对象，也是治疗计划试图干预的对象。问题清单有助于确定治疗目标，并为治疗提供聚焦点和方向。这一点很重要，因为咨询师和当事人就问题和目标达成一致，对于建立一个富有成效的工作同盟至关重要，并且还能预测咨询效果（Orlinsky, Rønnestad, & Willutzki, 2004; Tryon & Winograd, 2011）。

创建问题清单的第二个理由是，问题清单可以确保咨询师对当事人当前的生活状态有全面的了解，并可以将成为治疗焦点的问题置于当事人的生活背景中进行思考。正如杰奎琳·B.珀森斯（2008）所指出的，回顾问题清单可以发现共同的要素或主题。由此可以设计一个聚焦于这些要素或主题的干预方案，从而有效地解决多个问题。此外，回顾问题清单可能还会发现，聚焦某一个问题的同时也可能解决其他问题。例如，鼓励一个失业的抑郁障碍患者去找工作，可以同时解决诸如没有行为活力、绝望感、社交隔离、家庭关系紧张和经济压力等问题。

创建问题清单的第三个理由是，这么做可以直接带来好的咨询效果。创建问题清单的过程本身可以帮助澄清那些原本可能会被当事人视为无法解决或无法描述的痛苦状态。它可以帮助当事人开始在以往感觉是随意和失控的体验中找到意义和秩序，从而降低焦虑并为咨访双方讨论关键问题提供共同语言（Markowitz & Swartz, 2007）。

什么是问题

乍一看，问题识别似乎是一个很简单的过程，只需要简单地询问当事人为什么要来做咨询就可以了。然而，正如那个自称患有惊恐障碍的男性案例所表明的，问题识别并不总是那么简单。威廉·P. 亨利（William P. Henry）提出了（1997）一种思考问题的广泛性方法，他观察到"问题是对事物的感知状态和期望状态之间的差异"（p.239）。基于这一观点，我将讨论以下两种基本问题类型：指征与症状以及生活中的问题。

指征和症状是指当事人表现出的行为类型。症状是当事人对痛苦的主诉。它们包括许多出现在 *DSM-5* 和 *ICD-10* 中描述的诊断标准。比如，"我很难过""我每天都哭""每天早上我强迫自己起床""每一天对我来说都是一种煎熬"这样的表述反映了抑郁症状。当精神分裂症患者说听到声音或感觉有虫子在他身上爬时，也是在报告症状。而指征则是指当事人可能没有主动报告或是承认，甚至没有意识到，但是咨询师和其他人可以观察到的行为或表现。如果上述抑郁症状伴有叹息、萎靡不振的姿势、面无表情或精神运动迟缓，那么这些就是抑郁的指征。患有精神分裂症的当事人可能表现出思维联想的松散，但通常他们的主诉中不会包含思维联想的松散。玛迪·霍洛维茨（2005）认为"行为泄露"

是精神疾病的一种指征。这些是情绪或未言明的意义的躯体化体现，通常是微妙的，并且常常是短暂出现后旋即消失。例如，遇到敏感话题时，当事人可能会脸红、流泪、咬紧牙关、有一闪而过的愤怒，或者身体僵硬并远离咨询师等。这些指征意味着出现了值得探索的、属于问题清单中的"热点话题"。

指征和症状既可能由其他问题引起，也可能会引发更广泛的问题。因此，一个全面的问题清单并不局限于精神症状和指征，这把我们带到了第二大类问题——**生存问题**（H.S.Sullivan, 1954）。"生存问题"这个术语包括一系列的生存境遇，如药物依赖、家庭暴力、自杀倾向、杀人倾向和忽视等危险信号，以及生理功能和健康状况，包括学习、工作、住房、法律问题、财务、性、休闲娱乐、自我概念和自我认同等；同时，也包括与家人或外人的冲突、无法与他人建立联结、孤独、缺乏亲密感、缺乏人际交往技能以及关系不稳定等人际关系问题。此外，生存问题还包括与"存在既定"（Yalom, 1980）有关的冲突，如一个人的基本孤独、死亡的不可避免、自由和责任，以及根本的无意义感。在此以前面提到的抑郁障碍患者的案例来进一步诠释，他说："我想花时间和朋友在一起，但我一整天只是坐在那里，什么都没做。"这句话就反映了一个生存问题。人际隔离、自我照顾能力差、无法维持有稳定收入的工作，则是许多精神分裂症患者面临的生存问题。

系统组织问题的工作框架

已经有几种来组织指征、症状和生存问题的综合分类方案

(e.g., Gordon & Mooney, 1950; Heppner et al., 1994; Ingram, 2012; Nezu, Nezu, & Lombardo, 2004; Woody, Detweiler-Bedell, Teachman, & O'Hearn, 2003)。本节所介绍的框架主要借鉴的是阿瑟·M. 内祖（Arthur M. Nezu）、克里斯汀·马古特·内祖（Christine Maguth Nezu）和伊丽莎白·R. 隆巴尔多（Elizabeth R. Lombardo）的，该框架（2004）的优点包括有层级性，跨理论视角、全面而简约。

如表 5–1 所示，它将一个综合性的问题清单分成了危险信号、自我功能、社交 / 人际功能和社会功能四个领域，每个领域还可以在时间上被进一步划分为当前的问题或远端的问题。考虑过去的问题可以帮助理解当前的问题。尽管一些问题会覆盖多个问题领域，但影响不大，因为我们的主要目标是确保对当事人所有主要的功能领域进行全面的回顾。

表 5–1　　　　　综合性问题清单的成分

问题类型	亚类型及示例
1. 危险信号	药物依赖；家庭暴力；自杀 / 杀人；忽视
2. 自我功能 （1）行为	过激：侵入性；延长的、强烈的、持续不断的哀伤；上瘾；冲动；强迫性；长期回避引发焦虑的活动；去抑制等 不足：不够果断或坚定；退缩 / 抑制；不良的学习习惯；自我监控能力不足；缺乏自我控制技能等
（2）认知	认知缺乏：不能认识到一个人的行为的后果；不能识别社会线索；无法共情；低估自己的思想；自尊缺失等 扭曲：在解释他人行为时的错误归因；忽视相关证据；仓促得出结论；过度概括、放大、最小化、个人化、全或无的思考方式；基本归因错误等 自我认同：文化认同；认同发展；性取向矛盾心理

续前表

问题类型	亚类型及示例
（3）情绪和情感	过激：愤怒爆发；强烈或慢性的恐惧或焦虑；长期的羞耻和厌恶 不足：没有起伏；迟钝；缺乏完整的情感表达能力；无法共情；麻木 失调：不稳定的极端情绪或情绪波动；"闪闪发光"；情绪多变
（4）生物的	医学疾病；任何身体/生物机能的问题，包括遗传性的、先天性的或后天性的；本身就是问题的躯体因素本身或是导致其他问题的躯体因素
（5）存在的	基本的孤独；死亡、自由和责任的必然性；根本的无意义感
3.社交/人际功能	配偶/亲密者、家庭、教师/学校、工作、心理健康服务提供者、缺乏亲密感、人际交往能力不足、人际关系不稳定、无法与他人建立联结、孤独感、与他人隔离、休闲/娱乐活动
4.社会功能	法律、战争、犯罪、住房不足、人群、噪音污染、食物供应严重不足、交通、贫困、学校选择少、文化适应压力

危险信号

危险信号是指反映了对当事人或他人有潜在危险的、需要引起即刻注意的问题。危险信号包括自杀倾向、杀人倾向、家庭暴力倾向、忽视和药物依赖。即使没有显露出来成为问题，咨询师的主动询问是很重要的。当事人通常会觉得难以提出这些问题，因此除非被问到，自己不会主动谈及。但是，有些时候即使他们主动谈到，当事人也可能认为这些是问题，抑或是尽可能弱化它们的严重程度，对于家庭暴力和药物滥用的问题尤其如此，而一旦这些问题出现，危险信号就应该排在待解决问题清单的最优先位置。

明确从谁的角度认为这个议题是一个问题是很有帮助的。例如，从当事人的角度看，他们可能会觉得酗酒和慢性愤怒不是问题，但他们的家庭成员认为这是主要问题。咨询师的任务之一是帮助当事人认识到这些问题的影响，以便双方对治疗方案达成共识。

自我功能的问题

自我功能的问题是指本质上存在于个体内部的问题，包括它们主要是与行为、认知、情绪、情感、生物学和存在主义相关的问题。

行为问题可以分为行为过激和行为缺陷。行为过激的例子包括人际侵入性、强烈的且持续不断的哀伤、上瘾、冲动、强迫性的行为、长期回避引起焦虑的活动，以及各种形式的去抑制。行为缺陷的例子包括不够果断或坚定、人际退缩或抑制、不良的学习习惯以及自我监控能力不足和缺乏自我控制技能。

认知问题往往表现为缺陷、扭曲或与自我认同有关的。认知缺陷是指在思维过程中缺少觉察。例如，不能认识到一个人的行为的后果，无法觉察人际交往中的线索，共情失败，不能恰当地重视自己的想法，以及缺乏自我尊重。认知扭曲是指认知加工过程中的一种误会或错误。例如，对他人行为的错误归因或错误预测，将中性或专注的面部表情解读为拒绝或具有攻击性。亚伦·泰姆金·贝克（1963, 1964; A. T. Beck et al., 1979）的认知错误列表中列举了诸多认知扭曲的典型例子,包括忽视相关证据、仓促下结论、过度概括、放大或最小化、个人化,以及全或无的思考方式。另一个例子是犯了基本的归因错误(L. Ross, 1977),它指的是错误地归因于人或情境。例如,即使情境因素提供了更好的解释,抑郁障碍患者也往往会将负面事件归咎于自己(Abramson et al., 1978; Raps, Peterson, Reinhard, Abramson, & Seligman, 1982)。自我认同问题通常比较深刻,它反映了个体缺乏一个连贯的、时间上连续的"自我同一性"(Erikson,1980),包括对他人的同一性的感知。对自我认同问题的洞察通常可以通过探索当事人的社会心理发展来实现。

问题性情绪情感包括与情绪和情绪控制相关的一系列广泛的指征和症状,包括导致痛苦的情绪情感状态、极端情绪及情绪波动,以及特定的问题情绪,如过度恐惧、焦虑、愤怒、敌意、羞耻、厌恶、内疚和悲伤。

生物学问题包括生理、医学和物理等广泛因素,这些因素可能本身就是问题,也可能是导致当事人的心理社会问题的原因。同样地,心理问题也可能会掩盖医学障碍。例如,多种生理疾病可导致或诱发抑郁;这些疾病包括艾滋病、癌症、充血性心力衰竭、糖尿病、纤维肌痛、甲状腺功能减退、狼疮、偏头痛和睡眠呼吸暂停(Morrison, in press)。有些生理疾病与抑郁障碍直接相关联或者在生理上相关联,如甲状腺功能减退导致的抑郁;有些则是间接相关的,比如湿疹会对身体形象和观念产生负面影响,从而导致情绪低落。

自我功能的问题的最后一个领域与存在主义问题有关,包括一个人的孤独本质、死亡的不可避免、无意义感和无目的感，以及与自由和责任有关的问题（Yalom, 1980）。有些当事人在生活中的功能良好、很有成就，但是却在每天的日常生活里体验到一种深刻的无意义感。

社交／人际功能问题

社交功能方面的问题涉及与朋友和家人、配偶或重要他人以及与社交或工作群体中的其他人的关系。这里面可能包含与坏榜样的交往，如那些滥用药物或犯罪的人、表现出不适应的人际关系模式的人、易怒的人或虐待他人的人。这类问题还包括与以前的心理健康服务提供者之间的人际关系问题。理解这些关系有助于咨询师预判在当前的治疗中取得好的咨询效果所面临的障碍。社交领域的问题也可能涵盖个体社会族裔或文化背景等方面的内容。问题的关注点可能在于个体自我认同的文化内部其他人的反应，也可能是来自该文化外部的反应。社会族裔或文化领域的问题可能本身就是问题（如语言问题），也可能是导致其他社会心理问题的原因。例如，一个跨性别者可能对自己的性别认同感到自在，但会由于难以找到亲密关系而感到孤独和被孤立。同样，文化适应压力可能会对寻求亲密关系产生影响。

社会功能的问题

这一范畴指的是总体上个人在社会中发挥作用以及和社会联结的多种途径。在这个范畴中，包含的问题涉及法律、财务和就业领域的问题。与社会功能相关的问题也可能包括缺乏住房或住房条件差、生活在高犯罪率的社区、学校资源的匮乏限制了个体发展、来咨询的路上交通不便、生活在"食物荒漠",以及缺乏便捷的娱乐选择。文化适应压力也包括在内。

罗谢勒的问题清单

罗谢勒的问题就覆盖了以上四个方面。有一个危险信号就是基于她的自杀尝试史以及当前的压力状况,她有潜在的自杀风险。此外,家庭暴力也是一个危险信号,因为她有一个明显是过度控制的丈夫,以及她自己因为愤怒而划了丈夫的车。在自我功能方面,她有抑郁、焦虑、情绪不稳定、愤怒管理能力差、睡眠不佳、头痛等症状。如果糖尿病没有好好控制,还可能会加剧她的情绪不稳定。从长远来看,其他问题可能是她儿子的去世以及曾经被强奸所带来的哀伤。社交/人际功能问题包括社交隔离、可能有人际依赖、可能有配偶不忠和有一个药物依赖的丈夫。社会功能方面的问题包括经济压力、接受治疗的动机不足或能力有限、迫在眉睫的住房问题和未充分就业。

关于如何进行问题解析的建议

我将谈一些进行问题解析时的注意事项,以此作为本章的结尾。遵循这些提示,并以系统的和深思熟虑的方式建立一个综合的问题清单,这是个案概念化的基础。

第一,在确定问题时要与当事人合作,并在实施治疗方案之

前努力与当事人达成共识。如果不能就工作的问题和任务达成一致，和当事人的关系会很痛苦，咨询的进程也会更加困难，最终你的工作方向可能会与当事人所期待的目标相悖。实现协作的最好方法，就是要做到明确地识别问题、与当事人一起核实问题、定期监测进展情况以及明确地寻求一致意见。

第二，选择咨询中关注的焦点问题并对优先级进行排序。 当事人的所有问题不可能都能在咨询中解决，有的问题即使会影响咨询，但并不适合通过心理咨询与治疗来解决。例如，咨询不能直接解决身体疾病或与住房有关的问题，但这些问题的确会影响当事人的压力、情绪和接受治疗的能力。

第三，有些问题最初看起来可能不是心理咨询中的问题，但直接解决这些问题可以帮助缓解心理症状。 例如，有一个高度焦虑的当事人，在一次惊恐发作时表现出了灾难化思维。尽管多年来他的业绩评价都很好，但他就是确信自己会丢掉工作。他的思路往下推进就变成了，如果他失去了工作，他就一定会失去他的家庭，再也无力抚养年幼的孩子，导致妻子与他离婚，而这会进一步坚定"他是个失败者"的核心信念。他几乎没有存款，还背负了一些信用卡债务，这增加了他的焦虑。作为治疗的一部分，我们为他制订了一个计划帮助他把3~6个月的生活开支中存一部分钱来还债，以此作为财务缓冲。他刚开始行动没多久，就越来越多地体会到对自身财务状况的掌控感，焦虑感也随之明显降低了。最终，他鼓起勇气找到了一份新工作，为他带来诸多方面的获益，使得他的焦虑和惊恐症状持续减轻。因此，识别、确定优先级，然后解决财务问题有助于解决他的心理问题。

第四，对问题的建构要清晰化、具体化和情景化。对同一个问题，"面对家庭的要求，无法坚持自我"比"被动和不果断"要好。最好是用非理论性的、描述性的方式来思考问题。例如，对于关系问题的描述，"无法建立亲密关系"要比"未解决的恋母情结冲突"更好，因为后者充满理论色彩。检验是否以非理论性的方式描述问题的标准是，该描述是不是可以让任何一个理论取向的咨询师都能赞同。使用当事人自己的语言来描述问题也会有帮助。

第五，做一个敏锐的观察者，保持好奇心，避免无根据的假设。要践行日本禅宗大师铃木俊隆（Shunryu Suzuki）所说的"初学者心态"（2008），这是一种暂时悬置自己的评判和预设的精神状态。也就是说，即使你认为你知道答案，也要保持愿意提问的状态。只有不做预设，咨询师才更有可能从当事人的角度看待问题。

第六，要警惕错误问题综合征。"错误问题综合征"这个术语是用来暗指当事人专注于一个问题，以避免谈论其他更核心、更难以谈论的问题。如果当事人变得情绪化，或是当触及更核心的问题时当事人通过防御或是不谈某一话题等来转移话题，就表明出现错误问题综合征。例如，一位20岁出头的、有强迫性的年轻男性，他因为女友的离开而表现出痛苦和持续的哀伤。在咨询工作中聚焦处理他未解决的悲伤问题。在前几次咨询中，他都在热切地诉说自己多么渴望前女友、她对他有多重要，以及他多么希望让她回来。他想知道自己做了什么把她赶走了，或者，她有多么配不上他以及他为她付出的。几周后，我们没有取得什么进展，很明显，我们找错了问题。所有关于前女友的谈话都是为了避免谈论他的人生下一步要做什么，这是他一直努力回避的一个非常痛苦的话题。当这个问题被重新框定，咨询就转向了更有成效的方向。

小结

总而言之，问题清单告诉咨询师和当事人需要对什么进行解析。为确保制定一份全面的问题清单，要广泛收集信息，并考虑本章所建议的特定信息领域。遵循系统的方法可以确保生成完整的问题清单，并据此做出适当的诊断、解释机制，并制订相应的治疗计划。

第6章

步骤2：诊断

本章的目的是讨论诊断在个案概念化中的应用。为了达成这一目标，重要的是要了解什么是精神障碍的诊断，如何识别诊断，它们在心理咨询的科学与实践以及社会中起什么作用，以及诊断对个案概念化有什么独特的贡献。

理想情况下，一个诊断精神和行为障碍的系统应可靠有效地识别当事人的所有基本特征，阐明其潜在的病因、可能的病程和结果，开出最有效的治疗处方并作为研究的基础，以加深对该障碍的认识。

此外，它还将促进心理健康服务提供者与当事人及其家庭和社区中有权获得诊断信息的他人之间的沟通。最后，理想的精神疾病诊断系统应该对异常状态进行准确分类，将其与正常情况区分开来，并将这些状态组织成一个连贯的整体。简而言之，精神病学的诊断，用柏拉图的话来说，就是"沿着关节切开，而非随意切割"[①]（carve nature at its joint）。

精神卫生保健诊断的现状与理想状态相去甚远。这是个案概念化很重要的原因之一。目前，美国的疾病诊断分类学依据的是 *DSM-5*，这一版与它的前身1980年出版的 *DSM-III* 和在美国以外广泛使用的 *ICD-10* 一样，没有确定疾病发生的根本原因，创伤后应激障碍和适应障碍等是少数的几个例外，它们依赖于导致疾病的先决事件。此外，这些诊断体系既未将诊断与治疗联系起来，也不能识别疾病的可能发展过程或结果。

与更早期版本相比，*DSM-III* 有一个被视为重大突破的变化。与旧版不同，它为每一种诊断列出了明确的标准；极大地扩展了诊断类别的数量；最重要的是，它被宣传为基于科学的、可以产生可靠的诊断（Hyler, Williams, & Spitzer, 1982; Spitzer, Forman, & Nee, 1979）。随着 *DSM-III* 的推出，信度的提高被誉为一个里程碑式的进步。正如 *DSM-III* 的重要开发者，也是开发 *DSM-IV* 的领导者之一艾伦·弗朗西斯（Allen Frances）所说："没有信度这个体系就会是完全随机的，诊断就会毫无意义——也许比没有意义更糟，因为它们贴上了错误的标签。与其如此，倒不如没有这个诊断体系。"（quoted in Spiegel, 2005, p. 58）

不幸的是，对 *DSM-III* 和后来修订版的信度的实证研究令

---

① 这一表述出自柏拉图的《斐德罗篇》（*Phaedrus*, 265d-266a），苏格拉底再次讨论辩证法的核心方法——正确地划分与综合。他强调，分类应遵循事物的自然结构，如同"沿着关节切开，而非随意切割"。柏拉图通过"屠夫切肉"的类比说明，笨拙的屠夫会胡乱砍断骨头，而熟练者则精准找到关节下刀。同理，哲学家应识别事物内在的本质结构并进行分类。——译者注

人失望（Kirk & Kutchins, 1992）。一项特别广泛的研究说明了这一点。珍妮特·B. W. 威廉姆斯（Janet B. W. Williams）及其同事（1992）在美国的六个地方和德国的一个地方对一组心理健康专业人员进行了专门的诊断培训。然后，受过训练的心理健康专业人员两两配对分组访谈了近400名患者和200名非患者。配对的心理健康专业人员分别跟患者/非患者进行独立的访谈，以判断其心理健康状况，两个访谈之间间隔1天到2周。研究人员据此探索心理健康专业人员是否依据 DSM-III-R 做出的诊断是否一致。结果表明，对患者的诊断达到中等程度的一致性（κ = 0.61），对非患者的诊断一致性较差（κ = 0.37）。作者的结论是，研究结果支持了 DSM-III-R 的信度值，但也承认他们"所期待的信度值比这要高"（J. B. W. Williams et al., 1992, p. 635）。赫布·库琴斯（Herb Kutchins）和斯图尔特·A. 柯克（Stuart A. Kirk）称（1997）这些结果"与20世纪五六十年代取得的统计数据没有什么不同"（p.52）。尽管当诊断是基于相同的临床材料时一致性会有所提高（如访谈的录音），但对信度的测试要宽松得多。

有关 DSM-5 信度的现场试验结果也并没有提供更大的安慰（Regier et al., 2013）。在美国和加拿大的11个学术中心对23种靶向诊断进行了重测信度的评估，在这23种靶向诊断中有9个（占39%）的 Kappa 系数在常规解释为"较差"的范围内（Fleiss, 1986），这包括重度抑郁障碍（κ = 0.28）和广泛性焦虑障碍（κ = 0.20）。这个结果被认为是"令人遗憾的"（Frances, 2013a）。甚至连 DSM 的开发人员也承认信度是一个问题。主导开发 DSM-III 的罗伯特·斯皮策（Robert Spitzer）最近说道："信度只是有提高，但要是说我们已经解决了信度问题是不准确的。在普通临床医生的使用情境中，信度还是不太好。信度依然是一个真实存在的问题，而且还不清楚要如何解决这个问题。"（quoted in Spiegel, 2005, p. 63）罗伯特·斯皮策关于普通临床医生的观点值得注意。信度研究是在使诊断在信度最大化的条件下进行的，而在日常的临床情境中，诊断信度无疑会更差。不幸的是，由于 ICD-10 与 DSM 紧密对应，所以把 ICD-10 作为替代方案也不太可能改善信度的问题。

DSM 因其支持者夸大了诊断类别是基于研究结果得出来的程度受到了批评。与 DSM-III 最初发布时的说法相反，一位内部人士最近指出："DSM-III 的绝大多数定义……完全是专家共识的产物。"（First, 2014, p. 263）DSM-5 可能几乎没有什么改善。根据肯尼思·S. 肯德勒（Kenneth S. Kendler）的说法（2013），参与制定 DSM-5 的工作小组成员中，有些人进行了文献综述，这些文献综述也是其变革建议的核心依据；这对他们的变更提案至关重要。然而，其他小组成员"更多地以专家共识模型来运作"（Kendler, 2013, p.1797）。DSM-5 中多达 42% 的诊断变更建议被认为实证支持有限或不足（Kendler, 2013）。由于美国精神医学学会理事会（American Psychiatric Association Board of Trustees）的审议是不公开的，所以不知道这些有问题的变化中有多少出现在最终的文件中（First, 2014）。DSM，尤其是 DSM-IV，也因其高比例的诊断共病率而受到批评，这表明：综合征之间缺乏区分；疾病缺乏特定的治疗方法；单个疾病内部存在相当大的诊断异质性；以及在专业心理健康环境中"未特定的"诊断使用率高（Regier, Narrow,

Kuhl, & Kupfer, 2009）。

最后，批评者声称 *DSM* 的分类是基于政治、社会和经济因素对手册进行增减的，它们更多的是代表美国精神医学学会内不同政治派别的兴衰以及委员会成员之间的权力斗争的结果，而不是基础科学的结果（Caplan, 1995; Cosgrove & Krimsky, 2012; Johnson, Barrett, & Sisti, 2013; Kutchins & Kirk, 1997; Sadler, 2005; Schacht, 1985）。围绕受虐人格障碍与经前期焦虑障碍等是否应纳入诊断手册的一系列事件，都提供了非科学过程如何影响了诊断是否被纳入的实例，而后者刚刚作为正式诊断纳入到了 *DSM-5* 中（Caplan, 1995）。批评人士进一步断言，诊断只不过是将个体归到异常领域来贴标签和污名化，这种做法有时对他们的伤害大于帮助，而且由于将自身与普通医疗诊断不当地联系在一起，这个系统被过度推销了。*DSM-5* 被指出它尤其容易将正常人类行为病理化（Frances, 2013b）。

强调精神和行为障碍诊断中的这些不足对未来意味着什么？即将于 2017 年问世的 *ICD-11*[①] 承诺将对精神和行为障碍的分类进行重大重组，这可能会提高信度，并可能解决其他问题领域。ICD 系统的优势是，它是国际分类系统，是可以免费获得的，不受商业因素影响，以跨国数据为基础，它也是美国的《健康保险可携性与责任法案》批准的官方系统，适用于所有第三方支付（Goodheart, 2014）。

[①] 本书英文版出版于 2015 年，*ICD-11* 实际于 2018 年 6 月 18 日正式发布，并于 2022 年 1 月 1 日正式生效。——译者注

诊断领域另一个令人期待的进展是美国国家心理健康研究所建立研究领域标准项目。根据其官网介绍，该项目将结合遗传学、影像学、认知科学、学习理论和其他信息，为不以症状表现为主要依据的新的疾病分类学奠定基础。正如一些专家所指出的（Goodheart, 2014; Krueger, Hopwood, Wright, & Markon, 2014），以此为目标值得期待，但实际效果还是应该回到疾病的临床表现上，并要符合临床实用性的标准。

需要诊断的理由

尽管有上述批评，但诊断在个案概念化中发挥着关键且独特的作用。诊断标志着社会所认为的正常与异常行为的分界线，因此诊断决定可能会产生巨大的影响。它可能会影响当事人的自我概念，以一种潜在的方式限制或解放当事人。对于一个正在经历痛苦的个体而言，当被告知患了抑郁障碍，并且抑郁障碍是普遍的，也是可治愈的时候，会让他得到极大的解脱。但如果一个人被告知是"边缘性的"，这可能会让他充满绝望和无助，并导致或强化自己是有缺陷的感受。

诊断有许多实际的好处。它促进了临床同行之间的交流。正如罗伊·K. 布拉什菲尔德（Roy K. Blashfield）和戴维·R. 伯吉斯（David R. Burgess）观察到的（2007），诊断提供了一个命名法或"各类心理健康专业人员可以用来描述有某些相似之处的个体的一组名词"（p.101）。诊断术语如双相情感障碍或广泛性焦虑障碍提供了一种简短的方式来交流共同想法。DSM 系统提供了一套全面而系统的术语，每个术语都有特定的标准，旨在实现描述和交流的功能（Millon & Klerman, 1986）。

超越 *DSM* 的狭隘范围来看，诊断可以帮助咨询师组织和检索有关精神病理学的信息。如本书第 2 章所述，拥有诊断的知识基础是专业性的标志，也是个案概念化的无价之宝。一位训练有素的咨询师在诊断出当事人患有某种心理障碍后，会立即联想到关于该障碍的一系列实证知识，包括可能的起源、诱因、维持因素、作用机制和可选择的治疗方案。诊断有助于治疗选择，因为大量关于治疗的研究都是先根据诊断类别选择个体，然后在此基础上进行的。诊断还为选择药物以及是否转介精神科医生等相关决定提供指导。但是，诊断为治疗提供指导是有限的，因为同一诊断结果可以采用多种治疗方法，而且多种症状的组合可能导致相同的诊断。诊断无法指导咨询师如何从多种治疗方案中做出选择。

更广泛地说，诊断被法院、学校、监狱和许多社会机构用来确定谁被标记为患有精神障碍，从而有资格获得社会服务（Kutchins & Kirk, 1997）。诊断的另一个现实功能是确定个体的心理状态是否有保险报销的资格。最后，人们必须认识到，尽管有其局限性，*DSM* 诊断体系是目前美国社会和文化认可的精神疾病信息组织系统。而 *ICD-10* 在其他国家发挥着类似的作用，每个体系都得到了广泛的接受。

到目前为止，已经谈论了精神病诊断存在的问题以及益处，但还没有说明什么是精神障碍。考虑到这些观点的平衡，下文将来讨论这个问题。

第 6 章 / 步骤 2：诊断

什么是精神障碍

定义"精神障碍"是一项复杂的任务。正如第 1 章所指出的，是以维度还是以分类的方式概念化心理痛苦，是以医学模式的视角还是以其他方式来看待精神病理学（Beutler & Malik, 2002）以及生物与环境因素在精神病理学发展中所发挥的作用一直存在争论（Lynn, Matthews, Williams, Hallquist, & Lilienfield, 2007）。此外，有多种方法来定义异常，如行为规范的统计偏差、理想行为的偏差、存在痛苦以及对压力的不良适应等（Kendell, 1975）。

难以对精神障碍下定义的另一个证据就是，赫布·库钦斯（Herb Kutchins）和斯图尔特·A. 柯克（Stuart A. Kirk）指出（1997），直到 1980 年的 *DSM-III* 出版，美国精神医学学会才正式定义了精神障碍。目前的定义如下（American Psychiatric Association, 2013a）：

精神障碍是一种以个体认知、情绪调节或行为功能紊乱为特征的综合征，反映了其心理、生物或发展过程中的异常。这种紊乱会导致临床显著的痛苦，或对社交、职业及其他重要领域的功能造成损害。但是，对常见压力或丧失（如亲人的死亡）的预期或文化认可的反应，不属于精神障碍。此外，主要发生在个体与社会之间的冲突或社会偏离行为（如政治、宗教或性取向问题）所导致的个体行为，除非这些行为是个体功能失调所致，否则也不属于精神障碍。（pp.4–5）

从以上定义中可以看出三点。

其一，它将精神障碍定位在了个体中。这样就弱化了那些可能存在于个体之间或是由于个体之间交互作用产生的现象，例如，在一个群体中或在诸如家庭、夫妻这样的二元结构中，除非这些交互作用影响了个人的认知、情绪调节或行为。举个例子：

一位 50 岁的离异女性当事人，她符合重度抑郁障碍的标准，但是她的抑郁似乎源于她在家庭结构中所扮演的角色。有人向她建议，她的抑郁似乎源于家庭中的其他成员总是把她当作可以随时求助的人，无论是金钱、帮忙还是其他任何需要的东西。有人告诉她，除非她停止扮演"家庭救世主"的角色，否则她可能会一直抑郁。治疗计划包括了自主决断力训练，她勤奋地进行练习，不久她的抑郁症状就得到了缓解，而她的一个兄弟姐妹则承担起了家庭中任何人都可以寻求帮助的角色。根据精神障碍的定义，她的抑郁障碍被认为是她自己的问题，尽管这实际上是她的家庭结构造成的。个案概念化非常适合捕捉这些额外的维度。

其二，它是宽泛的、模糊的和循环的。精神障碍被定义为"临床上的显著紊乱"，这种紊乱与"显著的痛苦或残疾"相关。"紊乱"（disturbance）这个术语没有被定义，当然，如果一个人并不想用"异常"（abnormal）来描述时，他就可以用"紊乱"这个词。例如，一名士兵对战斗的反应或个人对身体攻击或长期的身体、心理和性虐待的反应可能反映出其在认知、情绪调节或行为上的"紊乱"，这可能"不符合预期"或者不是"文化认可的"，但看起来是可以理解的。此外，修饰词"临床上显著"似乎表明，如果在诊所就诊的情境下看到一个"紊乱"，仅凭这一点，它可能就是一种精神障碍。然而，精神障碍定义的意图显然是为了识别那些需要临床关注的状况，而不是将就诊事实作为表明需要临床关注的标准。总的来说，这个定义划定了一个过于宽泛的范围，似乎倾向于将无序、混乱的体验纳入其中，而非排除在外。

关于精神障碍定义以及精神诊断的最后一点，是其所定义的是一个构念。它是一个社会构建的、公认的抽象范畴，可能具有不同程度和类型的经验证据支持，这可能在理解个人和世界方面或多或少有用。正如当前手册所呈现的，精神疾病诊断只存在于其他人同意将其作为一个有意义的类别来理解精神障碍的层面上，它并不像某些一般的疾病，如糖尿病、肺癌、充血性心力衰竭或细菌感染那样"真实存在"。后者植根于功能失调的生物结构和过程，不受社会舆论的影响，这些疾病的病理生理学起源、过程和结果都是已知的，对诊断的确认通常可以在尸检后确定。而适应障碍、创伤后应激障碍、焦虑、重度抑郁障碍、双相情感障碍和精神分裂症等情况就不一样了。这并不是否认已经确认的某些心理疾病的生物学相关性，正如某些一般的医学疾病的心理相关性也被确认了。对构念的定义并不排除科学家假设某个特定构念具有可确定的心理生物学结构或遗传影响，也如一些特质理论家所提出的那样（Harkness, 2007）。其他对构念进行定义的例子有智力、性格特征（如内向性/外向性和亲和性），还有民主、宗教信仰和爱国主义。最重要的一点是，精神病学的诊断不是被发现的，而是被发明或创造出来的。

罗谢勒的诊断

　　罗谢勒的诊断是基于一名具有四年经验的精神病学住院医师进行的一次诊断访谈。除了从访谈中收集到的信息，住院医师还查看了转诊医生的记录，其中列出了转诊的原因，并总结了当前和过去的医疗问题。有提出要求提供医疗记录，但是在做出诊断时还没有拿到。虽然还没有这些记录，但是和转诊医生交谈或是和其家属交流都有助于进行简单的症状测量。基于现有资料，罗谢勒被诊断为中度复发性重度抑郁障碍（MDD；296.32）和广泛性焦虑障碍（GAD；302.02），同时还被考虑患有创伤后应激障碍（PTSD；309.81）和边缘型人格障碍（BPD；301.83）。医学上，她患有糖尿病，并因经济状况、婚姻冲突和儿子的死亡而受到严重的社会心理压力。

　　重度抑郁障碍（Major Depressive Disorder, MDD）的诊断依据是她报告自己几乎每天都会体验到悲伤的情绪，对活动的兴趣和乐趣减少。此外，她还有睡眠障碍、间歇性的自杀意念、疲劳感、无价值感以及流泪哭泣等。"复发性"是基于过去因抑郁障碍住院的情况。广泛性焦虑障碍的诊断依据则是罗谢勒报告有持续的担心和焦虑、无法控制的担心、疲劳、易怒和睡眠障碍。也考虑了糖尿病可能在她的抑郁和焦虑中所起的作用。流行病学研究表明，糖尿病会增加抑郁的风险（Morrison, in press），更具体地说，低血糖可能会提高罗谢勒的自主神经系统的唤醒，夜间排尿过多可能会导致她的失眠。此外，这种慢性疾病的心理压力可能会加剧她的抑郁和焦虑症状，特别是当糖尿病无法控制时，罗谢勒的情况就是如此。创伤后应激障碍（post-traumatic stress disorder, PTSD）的诊断则是考虑到她提到在16岁时被强奸，此后她不愿谈及此事、人际关系也受到影响，并持续有高度警觉的症状（如失眠和愤怒爆发等）。然而，她是否侵入性地重新体验了事件，或者持续回避与创伤相关的刺激，这一点并不清楚。基于她不稳定的关系模式、过去的自杀倾向、情感不稳定，以及为避免被遗弃而做出的明显的不适应行为，例如刮花了她丈夫的车，从而初步判断她具有边缘型人格障碍（borderline personality disorder, BPD）。但由于罗谢勒在某些方面功能良好，例如，有亲密朋友和一些工作关系，因此没有将边缘型人格障碍列为诊断。此外，该住院医师也表达了给予这种诊断后可能产生的污名的担忧。

从某些方面来说，这次诊断对访谈罗谢勒的住院医师以及个案概念化课上的其他人来说，既令人满意又令人不满意。感到满意的是，它是一个基于 *DSM* 标准的诊断访谈，似乎抓住了她问题清单中的重要因素。她的一些症状与这些已命名的综合征相一致。让人不太满意的是，这个诊断似乎没有反映出罗谢勒的判断力不足，也没有体现出她在生活的某些方面的功能正常，但在其他方面的功能不佳。它也没有指出她适应不良的关系模式，以及影响她生活的家庭动力和环境。最接近于捕捉这些现象的诊断方法是将边缘型人格障碍视为一种"排除"条件。诊断结果似乎也不能反映出她的优势，比如工作能力、上大学的能力，以及在某些人际关系领域的良好表现。

在个案概念化中进行诊断时的注意事项

到目前为止,讨论的目的是将诊断放在具体情景中,既不高估也不低估其对个案概念化和治疗的作用。考虑到具体情景,建议在进行诊断时注意以下几点。

第一,就像生成问题清单一样,要考虑多种信息来源,包括一个全面的访谈。这些来源可能包括自我报告症状清单或心理测试结果、查阅以往医疗、心理咨询或其他心理健康诊疗记录、与参与个人护理的其他人交谈以及对家庭成员的访谈。在与当事人进行面谈时,不要只看那些比较显而易见的因素,而要广泛地进行诊断。有可能这个人没想到要提起的问题,或者觉得太尴尬而不愿意提起,又或者想在提起之前先"测试"一下咨询师。也可能对方认为这些问题并不是问题,但实际上如果这些问题被解决,可能会帮助到他们。

第二,诊断应该有逻辑性地直接从问题清单中生成。问题清单可用于评估是否存在特定的诊断标准。当治疗没有按照预期进行时,重新对诊断进行评估很有用,包括确认是否仍然符合标准,以及是否有其他诊断在个人的生活中发挥更强大的作用。这对于患有多种共病障碍的个体来说尤其如此。

第三,注意鉴别诊断的特定标准。尽管 *DSM* 明确指出,特定的诊断标准只是作为指南使用,而不是作为诊断的绝对要求,但认真遵守该标准将提高诊断的可靠性。正如杰奎琳·B.珀森斯(2008)所指出的,"诊断失误可能会导致治疗失败"。(p.225)

第四,要始终对诊断的潜在的有害和有益方面保持觉察。如上所述，获得诊断对一些人来说是一种极大的解脱，因为他们能够在一段时间内接受自己是当事人，而不认为自己是失败的或不够努力的。这是那些从事抑郁障碍人际心理咨询的人提出的一个主要观点（Markowitz & Swartz, 2007）。然而，其他人可能会觉得自己受到了损伤或被精神病学诊断贴上了标签。

第五，不要把诊断错当成解释。诊断本身不是一种解释，而只是一组相互关联的经历、情感、想法和行为的类别、名词或标签，因此在通过诊断来"解释"一个人的问题时要谨慎。例如，向某人解释她之所以有感情问题是因为"她有边缘型人格障碍"通常是无用的。这种解释充其量是循环论证且毫无意义，最坏的情况下则是会给她带来伤害。

一旦确定了问题清单和诊断，个案概念化的下一步是制定解释性说明的表述，以说明为什么这个人有问题以及诊断。接下来我就要讲这一步。

第 7 章

步骤 3：生成解释性假设

解释性假设是个案概念化的核心，它描述了个体为什么会遇到问题。理想情况下，解释包含了对问题的起源、问题维持的条件、干扰问题解决的障碍以及可用于解决问题的资源等连贯且有说服力的理解。大量的理论和实证研究可以解释当事人的指征、症状和生存问题，这种知识的丰富性虽然是一种有利条件，但也给咨询师带来了难题，因为有时很难选择要用哪些理论或研究解释当事人的问题。

鉴于相关理论和实证研究的体量十分广泛，在本章中难以完整全面地介绍与心理咨询的个案概念化中与解释有关的理论和研究。本章更多的是通过提出各种工具和过程来让大家了解进入到这项工作的各种途径。首先，本章提出了精神病理学的素质－压力模型，这是一个强大的、持久的和全面的综合性的解释性框架。其次，回顾了个案概念化中应用的主要心理咨询理论和证据来源，在第 1 章的基础上扩展了历史因素和当前因素对个案概念化的影响的相关内容。最后，本章探讨了在生成解释性假设时应遵循的步骤，并以罗谢勒的案例为例逐一进行说明。

第7章 / 步骤3：生成解释性假设

素质-压力模型作为一个基础的整合性框架

素质-压力模型的前提是，精神病理是两种影响的产物：影响一，个体对心理障碍的易感性（素质）；影响二，环境压力（应激）。随着压力的增加，易感性或者说是素质（diathesis），更有可能升高并表现为体征、症状和问题。

"素质"的概念与第1章讨论的精神病理学的不连续模型是一致的，该模型假设经受痛苦的个体和未经受痛苦的个体本质上的不同就是易感性的不同。"疾病易感性"的概念可以追溯到古希腊时期。正如在第1章中提到的，公元2世纪的帕加马医师克劳狄乌斯·盖伦（Claudius Galenus），将希波克拉底关于疾病的思想重新引入自然主义的解释框架。盖伦认为，人体内存在四种体液，即血液、黏液、黄胆汁和黑胆汁，基于四种体液不同程度的混合形成了九种气质类型（Kagan, 1998）。人格，包括其中不受欢迎的一面，被视为由这些生物物质产生的倾向性的产物。另一个早期疾病易感性模型的例子是罗伯特·伯顿（Robert Burton）提出来的（1621/2001），他和盖伦一样基于体液理论构建了这个模型。易感性最初被认为具有强烈的生物性（如果不是完全生物性的话）。例如，气质（Kagan, 1998）、内表型（Gottesman & Gould, 2003）或遗传性的。最近，"易感性"概念已经扩展到包括早期依恋体验（Dozier, Stovall McClough, & Albus, 2008）、其他早期发展过程（Tully & Goodman, 2007）、认知（Abramson, Metalsky, & Alloy, 1989）和社会因素（Brown & Harris, 1978）等领域。

应激导致精神障碍的观点虽然是最近提出的，但也可以追溯到几百年前（Hinkle, 1974; Monroe & Simons, 1991）。在文献中，应激首次作为一种物理科学现象被记载是在17世纪，而到了19世纪，应激被视为致病原因之一。沃尔特·布拉德福德·坎农（Walter Bradford Cannon）将应激看作对自我平衡的扰动（1932），而汉斯·雨果·布鲁诺·塞利耶（Hans Hugo Bruno Selye）用应激一词来指代一系列被有害因素（包括心理因素）所调动的生理反应（1976），他创造了"一般适应综合征"（general adaptation syndrome）这个术语来描述对应激源的三阶段反应。首先的反应是警报，其次是适应或抵抗，最后是耗竭。后来，认知评估在解释压力中的作用被强调（Lazarus & Folkman, 1984）。研究人员一致认为，压力会影响情绪、幸福感、行为和身体健康（Schneiderman, Ironson, & Siegel, 2005）。

此外，影响健康的不仅仅是重大生活压力，日常琐事也会产生影响，这些琐事虽然相对较小但令人烦恼，如连续拨打你的电话、人际分歧、东西放错地方或丢失、安排用餐、与家人相处时间不足、工作缺乏挑战性、超长的待办事项清单、账单支付压力以及与文化边缘化相关的烦恼（Lazarus, 2000; Lazarus & DeLongis, 1983）。尽管某些压力可能是适应性的，但压力的不利影响与压力事件的持续性、性质及数量有关。压力是精神障碍的先兆，这个观点与第1章讨论的精神病理学的连续模型是一致的，即心理障碍是一个从正常到异常的连续体。这种观点认为，不良的生活经历可以解释精神病性，是压力导致人崩溃。然而，据观察，许多人表现出了心理韧性，使得他们能够承受明显的压力，而没有出现精神障碍的症状（Bonanno, 2004; Masten, 200），这也是易感性被普遍接受的一个原因。

将素质和压力结合为一个单独的精神病理学模型可以追溯到 20 世纪六七十年代。当时主要是为精神分裂症（Meehl, 1962; Zubin & Spring, 1977）以及后来的抑郁障碍（A. T. Beck, 1964）提供解释模型。该模型也构成了近年来一系列精神障碍概念的基础（Zuckerman, 1999）。因此，可以把它视为在心理咨询的个案概念化中进行解释的整合性框架和范式（Davison & Neale, 2001）。这个框架并不局限于某一学派的思想，比如心理动力、行为主义或认知流派。

不仅任一流派都可以用素质 – 压力模型来概念化，而且素质 – 压力模型也可以从每一种流派以及其他来源的证据中（如更广泛的社会科学和生物科学）进行差异化地借鉴。杰拉尔德·C. 戴维森（Gerald C. Davison）和约翰·M. 尼尔（John M. Neale）写道："素质 – 压力模型使得我们能够借鉴多种来源的概念，并且可以根据面对的疾病情况灵活决定应用这些概念的程度。"（pp. 55–56）我在本章的"生成解释性假设的步骤"这一部分具体展示了如何具体使用素质 – 压力模型。

个案概念化中解释的来源之一：理论

在本节和下一节中，我将阐述用于形成案例建构解释的两种广泛且密不可分的信息来源：理论和证据。这个论述与美国心理学会循证实践专业工作组（2006）和临床心理学人才培养和实践中的科学家 – 实践者模式（Shakow, 1976）的倡议一致。咨询师面临的挑战是将相关理论和证据应用到所考虑的个案中。本书将聚焦心理动力学、行为、认知以及人本–体验这四个主要的心理咨询理论流派，我将举例说明如何应用以上理论流派进行案例建构。在实际应用中，一些理论在构建解释时会融合使用（e.g., Wachtel, 1977）。在本章后面部分讨论解释性示例时，还会以浓缩的形式回顾这些理论的基本命题。

心理动力学心理咨询

心理动力学理论起源于弗洛伊德，并为个案概念化提供了丰富的推理来源。弗洛伊德贡献了许多思想，塑造了我们对正常和异常心理学的理解，包括心灵决定论、无意识动机、症状的过度决定、症状的象征意义、作为妥协产生的症状、自我防御机制和心理的三元理论（即本我、自我和超我）。斯坦利·B. 梅瑟（Stanley B. Messer）和戴维·L. 沃利茨基（David L. Wolitzky）将当代心理动力学理论（至少基于北美的实践）简要地分为三大类（2007）：传统的弗洛伊德的驱力/结构理论、客体关系理论和自体心理学。

有人认为驱力/结构理论是过时的，且缺乏实证支持。尽管如此，因其历史意义和早期广泛的影响力，以及当前对于生成解释性假设方面的潜在价值，本书还是将这一理论提出。驱力理论认为，人类的行为是由性和攻击性的内在冲突驱动的，这些冲突是为了寻求快乐和避免痛苦（"快乐原则"），但当他们遇到恐惧、焦虑或内疚等障碍时，就会变得受挫。

驱力模型将人格划分为三个部分，分别是：本我——驱力的存储库；超我——包含了良知和我们理想中的自己（"自我理想")；自我——调节本我冲动和超我的严格束缚。自我利用防御机制试图避免焦虑并维持内心平衡。当调节失败时，就会出现神经质症状。这些心理结构和特定的防御机制在个体经历四个性心理阶段时产生——口欲期、肛欲期、性器期和生殖器期——每一个阶段都与特定的冲突有关，如果冲突没有被解决，将会持续到成年。基于弗洛伊德驱力理论的个案概念化的关键特征是"强调无意识幻想，在无意识幻想中表达的冲突，以及这些冲突和幻想对患者行为的影响"，进一步说，该理论假设这些冲突起源于童年期（Messer & Wolitzky, 2007, p. 71）。治疗的焦点则是帮助当事人理解其无意识驱力动机的本质和普遍性，以及他们防御这些无意识动机的方式。

客体关系视角关注自我和他人的心理表征，以及两者之间的情感互动模式。这种方法倾向于将自我与他人二元化为"好的"和"坏的"两部分，这些部分是未整合且被隔离开的。与这个观点相关的防御机制包括投射性认同、分裂和角色反转（role reversal）。关系，而非本能构成了基本驱力。近几十年来，客体关系视角已经扩展为多种形式，其中一些形式在后面讨论的解释性示例中会有所体现。基于客体关系的个案概念化侧重于无法整合的心理表征和对所需要和爱着的依恋对象的愤怒的否认。个体可能会认为自己是"好的"，而把自己"坏的"一面投射到他人身上。

自体心理学（Kohut, 1971, 1977）的观点强调自我连贯感的发展和维持。海因茨·科胡特（Heinz Kohut）使用共情性调谐（empathic attunement）作为主要实证工具，确定了当事人在自我发展中遇到的阻碍。一些人报告了"空洞的"抑郁状态，在这种状态下，生活变得没有色彩、疏离、无意义且缺乏活力。而其他人则报告的是创伤状态，这种状态让人无法把经验整合为内聚性自体。科胡特还治疗了那些受到突然的、与情境不一致的愤怒状态影响的人，他对这一现象的解释为照顾者不能提供足够的共情回应。科胡特最独特的概念是"自体客体"，这是一个自我与他人联结的无意识心理表征，它被体验为好像他人是自己的一部分，而不是一个独立的实体。自体客体有理想化和镜像化两种类型。一个**理想化**的自体客体体现在通过与所仰慕的人建立联结而获得活力、生命力和力量感。当事人似乎在说："我仰慕你，因此我的自体意识和自体价值通过因我代入了你的力量和权力而得到增强。"（Messer & Wolitzky, 2007, p.73）**镜像**的自体客体通过来自个体所联结的他人的肯定，来激活和增强自体。当事人似乎在说："你仰慕我，因此我觉得自己是一个有价值的人。"（Messer & Wolitzky, 2007, p.73）从自体心理学角度所进行的个案概念化，强调的是由于照顾者共情回应失败而引发内聚性自体的发展受到阻碍。当事人对咨询师的移情（理想化或镜像化）是理解当事人的一个重要组成部分。

我们对心理动力理论的回顾局限于前面提到的三个基础模型，但是还有很重要的一点需要指出，就是在此之外，还有一些我们未提及的理论也可以用作个案概念化中做出解释的基础。其中包括卡尔·古斯塔夫·荣格（Carl Gustav Jung, 1972）、阿尔弗雷德·阿德勒（Alfred Adler, 1973）、卡伦·霍妮（Karen Horney, 1950）、埃里克·洪布格尔·埃里克森（Erik Homburger Erikson, 1980）、亨利·亚历山大·默里（Henry Alexander Murray, 1938）

和哈里·斯塔克·沙利文（Harry Stack Sullivan, 1953）。

行为疗法

行为主义为个案概念化提供了丰富的理论来源。如第1章所述，行为主义者通过强调症状的直接改善、环境对行为的影响和实证评估，塑造了心理咨询（Eells, 2007b）。行为主义的基础是操作性条件反射和/或反应性学习。虽然这两种学习形式都涉及问题行为之前和之后的条件，但操作性学习相对更关注行为的后果或强化因素，而反应性学习更关注行为的前因或刺激因素。

操作性条件反射强调环境对行为的塑造。以习惯逆转（habit reversal）为例，这是治疗诸如抽搐、反复拔毛发、咬指甲和抠皮肤的一种方法（Adams, Adams, & Miltenberger, 2009）。这种方法首先会识别环境中先于行为发生的事件及其直接后果。一旦确定了这些，就会引入一些技术来改变诱发条件，以消除重复的行为。识别问题行为的前因后果的过程被称为**功能分析**（Skinner, 1953），它是大多数行为疗法以及认知行为疗法个案概念化的核心（e.g., Haynes & Williams, 2003；Nezu et al., 2007；Persons, 2008）。功能分析考虑了操作性条件反射的几个方面（Ferster, 1973; Sturmey, 2008），包括：

- 建立操作性条件（如满足或剥夺状态）；
- 适应性或非适应性的行为塑造；
- 适应性或非适应性的消退、模仿、行为链等；
- 可能取代正强化活动的回避和逃避行为；

- 削弱自然强化的结果、惩罚；
- 行为表现的变异性。

操作性条件反射框架为个案概念化提供了一个架构，因为操作性学习涉及各种非适应性行为的习得和维持（Sturmey, 2008）。例如，一个抑郁的人可能会在人际交往中退缩，并错过了能够抵消抑郁影响的强化因素。此外，其他人可能会回避他，从而使其维持适应性不良的回避和孤立。一个基于操作性条件作用的个案概念化应该评估这些可能性，并识别出维系行为的偶发事件。

与受结果控制的操作性行为不同，**应答性行为**是由前因引起的。最经典的例子是巴甫洛夫的狗，它们形成了经典条件反射——一听到铃声就会流口水。在临床上有一个例子是一名退伍老兵听到关门的声音就会恐慌，可能的原因是炮火声作为一种无条件刺激（unconditioned stimulus, US），引起的恐惧和惊吓反射是一种无条件反射（unconditioned response, UR）。随后，无条件反射的泛化、没有威胁性的声音（比如关门的声音）成了引发恐惧和惊吓反应的条件刺激（conditioned stimulus, CS），所以听到关门声会引起恐慌就成了条件反射（conditioned responses, CR）。应答性行为是根植于我们过去进化过程中自然发生的反应。无条件反射的例子包括面对真正的生命威胁时的恐惧、闻到食物的味道时的饥饿、听到响亮声音时的惊跳，这些反应都不需要习得。然而，它们都可以通过配对受到其他刺激因素的控制，比如伴随着炮火声出现的关门声。反应性条件反射与许多心理障碍有关，包括创伤后应激障碍、恐惧症和强迫症。

经典条件反射的几个原则有助于解释心理障碍的发展和维持以及如何治疗它们（Persons, 2008；Sturmey, 2008）。这些原则可以纳入个案概念化中，我将举三个例子进行说明。

第一个原则是，无条件刺激和条件刺激的配对数量越多，条件刺激就越有可能诱发条件反射。一个人在餐馆（条件刺激）经历自发的恐慌发作次数越多（无条件刺激会引发无条件恐惧反应），之后再去餐馆就越有可能恐慌发作（现在成了条件反射）。

第二个原则是，当条件刺激在缺少无条件刺激的情况下反复出现时，条件刺激最终对条件反射的控制就会越来越少。这一原理是满贯行为技术的基础，主要用于治疗恐惧症和其他焦虑障碍。满贯包括持续暴露在一个条件刺激之下（如塑料蜘蛛、高度、公开演讲），直到暴露不再引发条件反射，即恐惧（Zoellner, Abramowitz, Moore, & Slagle, 2009）。

第三个原则是去条件化，这是系统脱敏的基础（Wolpe, 1958；Wolpe & Turkat, 1985），系统脱敏是一种治疗恐惧和焦虑的技术。约瑟夫·沃尔普（Joseph Wolpe）认为，一个人不能同时体验放松和恐惧。在系统脱敏疗法中，咨询师首先教当事人放松练习。当事人放松下来后，再暴露在不断加强的引起焦虑的体验中，直到这些体验不再引起焦虑。在刺激–反应术语中，去条件化是指条件反射（如焦虑）的消除，即当一个条件刺激与一个新的非条件刺激配对时，会引发与旧的条件刺激不兼容的新反应。

认知疗法

当代认知疗法的理论基础可以追溯到20世纪中期的"认知

革命"，认知疗法是对行为主义、刺激-反应模型日益被认识到的不足的回应，这些模型低估了心理活动和人类能动性的作用（Mahoney, 1991）。

认知科学家从信息论、计算机科学和一般系统论中借鉴了术语和概念，将兴趣转向"理解并影响个人注意、学习、记住、遗忘、迁移、适应、再学习，以及其他面对生活挑战的基本过程"（Mahoney, 1991, p.75）。正如杰罗姆·西摩·布鲁纳（Jerome Seymour Bruner）所说的（1990）："革命的目的是在经历了客观主义的漫长寒冬之后，把'心'带回人类科学。"（p.1）它还旨在"将意义确立为心理学的核心概念；不是刺激和反应，不是明显可观察到的行为，不是生物驱动力及其转化，而是意义"。（p.2）。当时有影响力的包括：

- 杰罗姆·西摩·布鲁纳、杰奎琳·贾勒特·古德诺（Jacqueline Jarrett Goodnow）和乔治·奥古斯塔斯·奥斯汀（George Augustus Austin）发表于 1956 年的著述；
- 艾弗拉姆·诺姆·乔姆斯基（Avram Noam Chomsky）发表于 1959 年的著述；
- 利昂·费斯廷格（Leon Festinger）发表于 1957 年的著述；
- 乔治·亚历山大·凯利（George Alexander Kelly）发表于 1955 年和 1955 年的著述；
- 艾伦·纽厄尔（Allen Newell）、约翰·克利福德·肖（John Clifford Shaw）和赫伯特·亚历山大·西蒙发表于 1958 年的著述；

- 利奥·波斯曼（Leo Postman）发表于 1951 年的著述。

随着认知革命渗透到社会科学和精神病学领域，多种认知疗法理论开始形成。20 多年前，凯文·托马斯·库尔温（Kevin Thomas Kuehlwein）和哈罗德·罗森（Harold Rosen）梳理了 10 种不同的认知疗法模型（1993）。正如阿瑟·M 内祖、克里斯汀·马古特·内祖和蒂芙尼·A. 科斯（Tiffany A. Cos）所指出（2007）的，没有单一的认知疗法，而是一系列有着共同历史和观点的疗法，它们的共同点不仅在于认知革命的传承，还在于假设我们对事件的评价比事件本身对我们的心理健康更重要。这些模型大多数还融合了行为理论的元素，这些内容将在本章后面讨论。

在这一节中，我将详述亚伦·泰姆金·贝克的模型，因为这个模型是目前最具影响力、研究最多的。然而，自认知革命以来还发展起来了许多其他的认知治疗理论，包括：

- 阿尔伯特·艾利斯（Albert Ellis）发表于 1994 年和 2000 年的著述；
- 史蒂文·C. 海斯（Steven C. Hayes）和柯克·D. 斯特罗萨尔（Kirk D. Strosahl）发表于 2004 年的著述；
- 杰弗里·E. 杨（Jeffrey E. Young）、珍妮特·S. 克洛斯科（Janet S. Klosko）和玛乔丽·E. 韦沙尔（Marjorie E. Weishaar）发表于 2003 年的著述。

亚伦·泰姆金·贝克（1963）的认知理论源于他对所治疗的抑郁障碍患者持续思维模式的临床观察，这些患者会认为自己在生活中的重要领域感到低人一等，他们认为世界是匮乏的、未来是暗淡的。

基于这些观察，亚伦·泰姆金·贝克提出了他著名的认知三元素概念，用来描述抑郁障碍患者关于他们自己、世界和未来的自动化的系统性消极思维偏见（A. T. Beck, Rush, Shaw, & Emery, 1979）。后来，它被扩展用于描述更广泛的问题和心理状况（A. T. Beck, Emery, & Greenberg, 1985; A. T. Beck, Freeman, & Davis, 2004; J. S. Beck, 1995）。**自动化思维**是一种短暂的、片段化并且通常带有情感色彩的思维形式，这种思维形式不请自来，通常处于意识的边缘。例如，有人可能会想"这个考试太难了。我这辈子都考不过"，并伴随一种泄气或自甘堕落的感受。消极的自动思维往往是错误的、不合逻辑的、不现实的。亚伦·泰姆金·贝克确定了认知歪曲（thought distortion）的具体特征形式，如武断推论、选择性概括、过度概括、灾难化和个人化等，即个体错误地根据自己感知到的缺点来解释事件，而不考虑其他解释（A. T. Beck, 1963; J. S. Beck, 1995）。

贝克理论的第三个主要构念是**图式**，图式是一种影响感知和评价的隐性的、有组织的认知结构。图式引发了对自我、世界和未来的信念。在最基础的层面上是**核心信念**（J. S. Beck, 1995），它被认为是在儿童时期发展的，具有全局性、僵化性和过度概括性。在消极形态中，核心信念倾向专注于无助或不被爱的信念。在核心信念和情境性的具体自动化思维之间存在着**中间信念**，即规则、态度和假设，它们比核心信念更容易被修正和改变，但比自动化思维更难被改变。

认知治疗的个案概念化需要识别当事人的自动化思维、中间信念和核心信念（J. S. Beck, 1995），该理论假设特定的思维模式与某些诊断类别是紧密相关的，这也就意味着诊断背后存在一种普适性的解释机制，而这个机制可以作为个案概念化的模板。

提出了一个假设，即特定的思维模式与某些诊断类别（如精神疾病的分类）是紧密相关的。这种观点认为，这些思维模式背后存在一种普遍适用的解释机制，这些机制可以作为个案概念化模板（Persons, 2008）。如果这个模板与当事人契合，也就意味着存在一个适用于这个个体的、循证支持的治疗方案。

人本主义/经验主义的心理咨询

人本主义理论出现于20世纪50年代，是当时崇尚决定论的心理动力学和流行的行为主义方法之外的新兴理论。与"人是强化或无意识思维的产物"的观点相反，人本主义/经验主义框架认为，人是自我实现和目标导向的。治疗（therapy）的任务是提供一个非指导性的、共情的、支持性的环境，在这个环境中当事人可以重新获得曾经歪曲了的自我实现倾向。第1章中已经提到，人本主义心理学的主要贡献包括强调当事人作为一个人，而不是一种障碍，把当事人和咨询师视为平等的合作者，专注于人与人"此时此地"的相会，而不是理智化的"个案概念化"。人本主义/经验主义方法的另一个贡献是它强调人类具有自我决定和自由选择的能力。

从历史上看，个案概念化或"心理诊断"起初并不被重视，甚至被认为对治疗过程有潜在的危害（Rogers, 1951）。正如卡尔·罗杰斯（Carl Rogers）所写（1951）：

> 心理诊断的过程把评估的权力重新明确地放在了专家身上，这可能会增加当事人的依赖倾向，使他感到理解和改善自己处境的责任在别人的手里。（p.223）

此外，当事人在某种程度上将咨询师视为唯一能真正理解他的人，这是"一定程度的人性丧失"（p.224）。从人本主义的角度反对进行解析的第二个理由是基于社会和哲学方面的："当评估的控制权掌握在专家这边时，可能带来的长期社会影响就是少数人对多数人进行社会控制的趋势。"（p.224）

尽管存在这些反对意见，但还是形成了一套基于人本主义立场的独特的人格理论，并且可以用于个案概念化。罗杰斯认为，人类的本性是由一个主要的动机驱动的：**自我实现倾向**，这是一种生存、成长和进步的动力。此外，我们都生活在一个主观的世界里，我们基于这个世界评估什么是与自我实现一致的、什么是不一致的。自我从经验中浮现出来，当得到他人无条件的积极关注时，自我就会积极发展；否则，就会发展不协调，即个体不再以与自我实现趋势一致的方式成长，会出现经验自我与真实的自我不一致。因此，治疗的任务是促进更大的一致性，而个案概念化有助于促进这一过程。

还有一些被认为是基于人本主义传统发展起来的，例如亚伯拉罕·哈罗德·马斯洛（Abraham Harold Maslow）、乔治·亚历山大·凯利（George Alexander Kelly）、弗里德里希·萨洛蒙·佩尔斯（Friedrich Salomon Perls）、拉尔夫·富兰克林·赫弗莱恩

（Ralph Franklin Hefferline）和保罗·古德曼（Paul Goodman），以及更近时期的亚瑟·C.博哈特（Arthur C. Bohart）和凯伦·塔尔曼（Karen Tallman）和莱斯利·S.格林伯格。当代人本主义学派的支持者更倾向于接受将个案概念化作为治疗中的一种有用工具，不过个案概念化的重点在于每一刻的体验，而不是要发展一个全面的个案概念化。

个案概念化中解释的来源之二：证据

美国心理学会循证实践专业工作组（2006）指出，基于证据的个案概念化应当应用顶尖的研究、知识、经验和专业技能。专业工作组提出了一个关键问题：在个案概念化中，什么是恰当的证据？处理多种多样证据的最好方式就是沿着一个连续体来串联。

在这个连续体上，证据为本的一端最为明确，你可以想象那里有设计良好的元分析，有实证支持治疗的、令人信服的结果，得到充分证明的、不同形式精神病理背后的潜在机制，具有强大预测性的流行病学数据，抑或是关于基本心理过程的可重复性的扎实结论。而在连续体的另一端，则可能是咨询师的预感或直觉。它们也许会提供可检验的有价值的洞察，但是它们本身并不会被大多数人认为是循证的。

在连续体的中间则可能是各类数据，比如心理测试的结果、量表得分、当事人对咨询关系的描述、对梦的解析、思维记录、当事人对自动化思维的解释，或者当事人或咨询师对于一个想法是核心信念的论断等。目前，关于什么构成个案概念化的恰当证据没有达成共识。在此背景下，本节描述了个案概念化过程中有助于生成解释性假设的六种证据来源。

当事人端

当事人是心理咨询的主动参与者，研究证据表明他们对心理咨询的感知、解释与体验方式会直接影响治疗结果（Bohart & Wade, 2013）。因此，在个案概念化时，当事人作为证据来源之一是至关重要的。来自当事人的证据包括：

- 当事人对于谁或什么是导致他的问题的看法；
- 当事人对与咨询师的关系的感知；
- 当事人对咨询师提出的个案概念化的直接反馈；
- 当事人对于支持或否定解释性假设的叙事；
- 治疗过程中披露的梦或幻想；
- 干预引起的当事人症状的变化；
- 当事人披露的自传体信息。

虽然当事人是完善和修正个案概念化的关键信息来源，但咨询师应该尝试在心理学的科学证据的背景下理解这些材料。此外，当事人对既往事件的描述会因记忆-回忆效应、情绪、暗示和时间的推移而产生偏差。

心理测量学

正如第1章提到的，心理测量学信息可以为个案概念化提供信息支持。尽管个案概念化本身的效度在很大程度上还没有被探索，但是结构化访谈、人格测验、简短的自评/他评量表等都为诊断、精神病理学和人格评估以及行为预测提供了增量效度（Garb, 2003）。症状评估量表评估是各种问题、当前总体困扰水平、危险信号（如危险性）以及社会功能和适应性功能的一种高效、可靠和有效的方法（A. T. Beck et al., 1961, 1988; Derogatis, 1983; Halstead et al., 2008; Kuyken et al., 2009; Lambert & Finch, 1999; Persons, 2008）。再者，综合性人格测试，如明尼苏达多相人格测验、人格评估量表等可以为个案概念化提供有用的信息，咨询师能够依此将当事人的反应与标准化样本进行比较。基于访谈的测量方法（如 DSM 结构化临床访谈）同样有所帮助（SCID; First, Spitzer, Gibbon, & Williams, 1995; Spitzer, Williams, Gibbon, & First, 1992）。

心理咨询过程与效果研究

心理咨询是一个有丰富研究的实践，在过去的 30 年里，发表了近三万篇相关学术论文（Lambert, 2013b）。在疗效研究中，内隐的改变机制是被研究的心理咨询模型之一，因此，也包括内隐的个案概念化。由于这些内隐的解析与效果数据相关联，因此它们可以作为个体解析的起点。杰奎琳·B. 珀森斯（2008）建议，在那些实证支持的治疗中，这些内隐的个案概念化也可以作为默认的通用的解析模板，然后在此基础上根据具体当事人的情况来定制。然而，我们应该注意的是，人们对这些假定的机制所知甚少。艾伦·爱德华·卡兹丁（Alan Edward Kazdin）观察到（2007），尽管认知行为疗法对抑郁障碍有效，但证据表明症状的改善发生在认知改变之前，这与模型假设的因人变化导致症状变化相悖。

在为有特定问题或诊断的个体提供帮助时，增加我们对这个过程的理解对于个案概念化很重要。正如卡兹丁（2008）所写的："循证机制可能会证明比循证干预更有意思或更重要。一旦我们知道改变的机制，我们就能够使用多种干预方式去激活类似的机制，并学会如何优化它们的使用。"（p.152）

精神病理学的研究

除了心理咨询研究本身之外，生物学、社会学和行为科学中的发现也与解释心理咨询中出现的问题有关。例如，对精神病理过程的研究与个案概念化有关。我们越是能够理解精神病理学的预测因素及其背后的机制，我们就越能更好地制定治疗方案。其中一个例子是反刍在抑郁障碍中的作用（Nolen-Hoeksema, Wisco, & Lyubomirsky, 2008）。**反刍**作为一种思维过程，其特征是持续、被动且毫无成效地固着于痛苦的症状及其可能的原因和后果，但没有积极尝试解决问题。苏珊·凯·诺伦－霍克西玛（Susan Kay Nolen-Hoeksema）及其同事（2008）的研究表明，反刍会加重抑郁、增强消极思维、损害问题解决能力、削弱社会支持，并打断工具性行为。反刍能预测抑郁发作，加重抑郁进展，也可能导致诸如焦虑、创伤后应激障碍、暴饮暴食、酗酒、自伤和非适应性的哀伤反应等障碍。他们还研究了对抗反刍思维的方法，比如转移注意力、提高对反刍思维的非建设性和负面功能的觉察等。这些研究可以为形成个案概念化和制定治疗方案提供参考。它有助于咨询师认识到反刍现象看似诱人但实则是欺骗性的本质——它表面上是在解决问题，但实际上它本身就是一个问题。其他的例子包括对焦虑的研究（Mineka & Zinbarg, 2006）、压抑性应对对主观幸福感的不良影响的研究（DeNeve & Cooper, 1998）以及对精神疾病症状的功能的研究（Freeman, Bentall, & Garety, 2008）。

流行病学

流行病学研究的是"疾病在人群中的分布及其影响因素"（Gordis, 1990, p. 3），包括对疾病（含精神障碍）的发病原因、相关的风险因素、疾病的发生率、自然发展史以及预后的相关研究。

虽然流行病学关注的重点是人群而不是个人，在个案概念化方面，它未被充分利用，但是它可以多种方式为个案概念化过程提供参考。第一，它让咨询师对能预测心理健康状态的因素保持敏感，比如社会经济地位、一般疾病状态和社区安全。流行病学有助于咨询师了解社区、文化或亚群体中发病年龄、性别、种族和其他特征的常模。这种常模信息为当事人的临床表现提供背景，并有助于提出解释机制。第二，流行病学有助于预后。了解抑郁障碍（Kessler & Wang, 2009; Wells, Burnam, Rogers, Hays, & Camp, 1992）或酗酒（Vaillant, 1995）等障碍的自然发展过程有助于风险预测和调整治疗计划。第三，流行病学有助于预测共病。例如，了解酒精滥用通常伴随社交焦虑障碍（Randall, Book, Carrigan, & Thomas, 2008），可以引导咨询师全面地评估社交焦虑个体的物质滥用情况。第四，关于流行率和发病率的信息有助于预测问题的来源。正如在第 2 章中所讨论的，在面对一个自称自己是仪式性虐待的受害者的当事人时，了解（即使不是百分百了解）相关行为的发生率极其低的话,有助于你对其进行评估。尼古拉斯·塔里尔(Nicholas Tarrier)和雷切尔·卡拉姆(Rachel Calam)注意到(2002),在个案概念化过程中,基于某一障碍的流行病学数据所做出的因果推论比基于当事人对生活事件的回忆所做出的因果推论更可信。后一种形式的推理存在同义反复的风险,并且可能会在回忆中出错。第五,流行病学数据可以帮助咨询师评估当事人面临的风险因素。例如,了解自杀尝试和自杀姿态的相对风险因素可以为个案概念化和治疗计划提供参考信息(Nock & Kessler, 2006)。再比如,对心脏病和饮食习惯风险的解释可以作为肥胖治疗的一部分。同样,从流行病学研究中获得的关于锻炼益处的知识,结合咨询师制订行为计划的技能,可以联合起来治疗肥胖。

行为遗传学

行为遗传学研究被认为是心理学对理解精神病理学所做出的主要贡献之一。行为遗传学试图通过区分遗传和环境因素的影响来理解特质和心理障碍的病因学(Waldman, 2007)。行为遗传学研究者通常研究家庭、被收养者和双胞胎,后者是最强有力的方法。双胞胎研究设计通常会比较同卵双胞胎和异卵双胞胎。由于两者都在基本相似的环境中长大,但前者拥有相同的基因,而后者拥有一半的相同基因,所以两组双胞胎之间的差异可以被归因于环境因素。可遗传性(heritability)是一个特别有用的概念,它指的是在人群中个体间基因差异导致某种状况变异的比例。例如,双胞胎研究已经揭示了多种疾病的显著遗传性,包括精神分裂症(0.48)、重性抑郁障碍(0.43)、双相情感障碍(0.55)、广泛性焦虑障碍（0.00～0.20）、反社会型人格障碍（0.50～0.60）、注意缺陷/多动障碍（0.70～0.76）等（Plomin, DeFries, Knopik, & Neiderhiser, 2013）。虽然可遗传性并不能说明通过行为干预可以改变某种特质，但在个案概念化中，了解遗传学可能在当事人的临床表现中发挥重要作用还是很有用的，它对生成解释性假设和制订治疗计划都是有用的。

遗传学研究也有助于理解共病。例如，它表明，将几种常见疾病分为内化和外化两大类，可能比目前以症状为基础的诊断分类更容易理解（Kendler, Prescott, Myers, & Neale, 2003）。**内化障碍**包括重度抑郁、广泛性焦虑、惊恐障碍和恐惧症。**外化障碍**包括反社会障碍、儿童行为障碍、药物滥用和依赖障碍。环境影响可能影响每一大类疾病中哪些疾病最容易发生。遗传学与个案概念化的关联在于，它可以告诉咨询师某个当事人可能容易出现什么障碍。

一项对同卵双胞胎的研究表明，虽然在人群中焦虑和抑郁的症状随着时间的推移是稳定的，但基因在维持这种稳定性方面的作用在儿童和青春期似乎最强烈，在成年早期和中期较少，然后在成年后期再次增强（Kendler et al., 2011）。因此，焦虑和抑郁的环境易感性可能会随时间而变化。例如，早年糟糕的环境可能会导致个体做出不良的人际关系选择，这反过来会导致中年时期对精神病理学的易感性增加，这种易感性到了后期会稳定下来。这一发现还表明，通过干预累积更多积极的环境条件，可以减少对抑郁或焦虑的易感性。这对个案概念化有明显的影响，因为它可以影响解释性假设和干预措施的选择。

刚刚回顾的六种证据来源和心理咨询的四个基础理论构成了一个广泛的知识和理论基础，可以在发展解释性假设时加以借鉴。下面的部分将介绍五个步骤，帮助咨询师完成个案概念化的这一关键部分。

提出解释性假设的步骤

本节讨论的五个步骤是在对个案概念化相关文献的回顾基础上梳理出不同方法中的共同内容。具体步骤是步骤1：识别诱因；步骤2：辨识问题的起源；步骤3：识别当事人的资源；步骤4：识别当事人的阻碍；步骤5：阐述核心假设，我会结合罗谢勒的案例具体描述每个步骤如何做。

步骤1：识别诱因

诱因是症状和问题的触发器。有两类诱因需要考虑。

一是那些会引发当事人寻求治疗的症状发作的因素，它可能是一个生活事件或压力源，比如搬到一个新环境、人际关系变化、工作状态的改变、受伤或疾病或不遵医嘱停止服药。这些是之前讨论过的素质－压力模型中的压力源。这种类型的压力通常会促使当事人做出接受心理咨询的决定。在治疗早期询问当事人发生了什么让他决定寻求治疗，始终是一个好想法。

二是一件标志着状态转变的事件，可能是在咨询室内，也可能是咨询室外。心理状态的变化可能预示着出现了带有情感色彩的讨论话题（Horowitz, Ewert, & Milbrath, 1996；Horowitz, Milbrath,

Ewert, Sonneborn, & Stinson,1994；Horowitz, Milbrath, Jordan, Stinson,et al., 1994）。莱斯特·鲁伯斯基（1996）发现，治疗中症状的发作有时可以解释为当事人先前的核心关系冲突主题的出现。在咨询室之外发生的诱发问题状态和问题事件的因素对于个案概念化也同样有用。当当事人诉说困扰时，询问困扰的具体情节或例子是很有帮助的，还要考虑是什么诱发了这个问题。

对诱因的检查在几个方面有助于个案概念化。它可以使咨询师了解到易感性因素和应对资源。它既呈现了问题，提出了目标和激励因素，又暗示了解释问题的机制。总之，识别在心理咨询过程中和在当事人生活的其他方面发生的、促使当事人进入治疗的事件，以及更多触发问题行为和认知情绪状态的情景事件，都是有帮助的。

罗谢勒的诱因

似乎有两个诱因似乎引发了罗谢勒的问题。一个是怀疑丈夫出轨，二是因为嫂子搬出去后可能带来的不良财务后果所导致的压力。她因为丈夫而流的眼泪以及对愤怒的表达暗示了她可能存在情绪调节问题。此外，她无法有效控制的糖尿病和明显缺乏的人际支持系统可能损害了她应对这些诱因事件的能力。

步骤2：识别问题的起源

正如伊丽莎白·C.塔利（Elizabeth C. Tully）和谢里尔·H.

古德曼（Sherryl H. Goodman）所写的（2007）："精神病理学通常不是突然出现的，而是在发展过程中逐渐出现的。"（p.313）因此，考虑当事人问题的起源是很重要的。**起源**是指那些被认为与当前问题发展有因果关系的前置经历、事件、创伤、压力源和风险因素。因果关系可以是直接的，也可以是辅助性的。直接因果事件的例子包括离婚、爱人的死亡、心脏手术导致抑郁、自我忽视和缺乏来自他人的积极强化。辅助性因果关系是指已经建立了增加了问题发展的易感性的条件的事件。这些可能包括糟糕的关系选择导致缺乏社会支持、缺乏教育、未充分就业、早年生活中的不良榜样，以及缺乏发展社交的技能。一个人所面临的风险因素和压力源的数量越多，包括适应不良的依恋关系，这个人以后就越有可能出现问题（Dozier et al., 2008；Garmezy, Masten, & Tellegen, 1984）。在考虑起源时，最好同时考察近端和远端两方面。近端起源是指最近发生的事件，比如近一两年内发生的事件，通常是直接导致或促成了问题的发生。远端起源是可能影响当前问题的早年生活事件或创伤。不同的理论取向也会影响对问题起源的识别。从认知行为的角度来看，人们可能会关注无效的环境以及对自我、他人和世界的看法的起源。从行为的角度来看，人们可能会在经历过的环境中寻找刺激控制和塑造行为的偶然强化条件。从动力学的角度来看，人们可能会寻找创伤、受挫的愿望、遗弃、照顾者缺乏共情，以及赋予这些事件的意义。从人本主义/经验主义的角度来看，一个人可能会寻找早年生活缺少无条件积极关注以及其他干扰自我实现倾向的事件。

考虑问题起源对个案概念化有明显的影响，它揭示了可能导致当前问题的发展途径，以及可以调动以促进治疗成功的保护性因素。了解早年与父母或同伴的关系、批评或社会排斥，可能有助于发现当事人持有的不值得被爱或没有价值的核心信念，这些信念可以形成干预的基础（Tully & Goodman, 2007）。洛娜·史密斯·本杰明（1996a, 2003; Henry, 1997）提出了社会学习过程，通过这一过程，适应不良的早期生活关系被"复制"到现在。其中一种是**认同**，即通过模仿使得自己的行为举止和另一个人相似。如果在童年时期，一个人观察到爸爸在妈妈经常抱怨他的行为时远离她，而在现在的生活中做同样的事情，就反映了他对爸爸的认同。另一种认同则是当事人可能会认同母亲，并成为一个喋喋不休的抱怨者，潜在地促使身边的人像父亲那样退缩。第二个复制过程是**内摄**，这是指一个孩子习得像别人对待他那样对待自己。如果当事人在孩童时期受到父母的严厉批评、贬低和否认，当事人长大后可能会用类似的方式对待自己。在此基础上，可以制定相应的干预措施，以应对这些对自我和他人的不适应的概念。威廉·华兹华斯（William Wordsworth）在他的诗《我心雀跃》（*My Heart Leaps Up*）中描绘了早年生活经历成为后续生活的示范这一观点："儿童是成人之父。"（Wordsworth, 1807）

罗谢勒问题的起源

从行为的观点来看，罗谢勒的抑郁情绪可能是由于缺乏积极的强化因素导致健康行为的消失。她的焦虑和恐慌可能是通过经典条件反射机制获得的，并通过操作性条件反射来维持。遭遇强奸可能是一种无条件的刺激，引发了现在已经泛化的恐惧。焦虑主要通过回避或逃离潜在的引起焦虑的经历来维持，逃避的方式可以是行为或人际退缩。

另外，我们也可以这样看待罗谢勒问题的根源：罗谢勒生来就有情绪反应的生理倾向，并在一个否认她的环境中长大。遭遇强奸加剧了她对世界是残酷的、惩罚性的和无情的看法。罗谢勒学会了否定自己的体验，因此选择了不合适的伴侣，做出了破坏性的、自我忽视的选择，感到绝望和无能为力，并受到抑郁、焦虑、恐慌和多种身心症状的影响。

步骤3：识别当事人的资源

资源是当事人带到治疗中、可以促进康复的力量。资源通常有两种类型：内部资源和外部资源。**内部资源**是指当事人所拥有的品质、技能和能力，这些资源可能相当广泛。例如，威廉·库伊肯（Willem Kuyken）、克里斯汀·A. 帕德斯基（Christine A. Padesky）和罗伯特·达德利（Robert Dudley）提到（2009），一个抑郁的当事人，他喜欢园艺，并利用这种消遣来把自己的注意力从不愉快的自动想法和悲伤的情绪中分散。另一位当事人擅长与有攻击性的狗打交道，咨询师利用这种能力帮助当事人将这种能力扩展到他的问题领域。除了爱好和工作技能，资源可能包括智力、建立而不是维持关系的能力、适应性防御和应对机制（如幽默、共情、宽容和对模糊的容忍）、良好的教育背景、心理悟性、良好的病前功能以及改变的动机。**外部资源**是当事人生活中所有有助于恢复的处境，如强大的家庭和朋友支持网络、能够将自己送到治疗地点、与卫生保健提供者联结紧密、财务资源和社区服务的可及性。威廉·库伊肯及其同事注意到，优势可能对当事人来说并不明显，并建议咨询师询问当事人生活中进展顺利的领域，以便发现这些优势。

罗谢勒的资源

尽管罗谢勒在生活的多个领域都存在重大问题，但她还是能找到一些资源。她接受过两年的高等教育，这提高了她的就业能力。此外，她有一些经济资源，因为她与人共同拥有一所房子。她很容易建立关系，而且似乎有能力和朋友亲近。她还表达了接受治疗的动机。

步骤 4：识别当事人的阻碍

阻碍是指当事人生活中可能干扰治疗成功的那些方面。预判这些阻碍并制订计划以应对它们的出现很重要。与资源一样，它们可以被分为当事人的内在阻碍和外在阻碍。对于内在阻碍，主要考虑的是适应不良的应对方式和防御机制。防御机制是一种无意识的心理过程，它通过某种方式扭曲信息使我们能够应对痛苦。玛迪·霍洛维茨（Horowitz & Eells, 2007）将弗洛伊德的防御机制进行扩展并提出思维和情感的控制过程，其中既有适应性的部分，也有不适应性的部分。如果对适应不良的控制过程管理不善，治疗进展可能受限。有些治疗涉及对心理定势的控制，这意味着个体准备好进行治疗所需的认知和情感处理，例如有意地"遗忘"、持续关注危机、麻木、嗜睡和（在没有注意缺陷障碍的情况下）分心。

一位当事人是受过良好教育的 45 岁左右的男子，他的妻子刚刚离开了他，他对妻子的决定感到震惊和愤怒。他在治疗中很难控制自己的心理定势。他不断地威胁要自杀，这使我们无法讨论没有妻子他将怎么办。此外，每当我们谈到他对妻子的愤怒时，他就会突然犯困。在治疗中通过隐喻的方式和他讨论，每次提到要自杀时就好像在治疗中挥舞着一根炸药棒，威胁要引爆自己，而这样做，我们就无法取得进展，自杀风险被成功干预。随着时间的推移，通过指出讨论的话题和他突然出现的嗜睡之间的联系，他的嗜睡症状得到了解决。

玛迪·霍洛维茨等人（1993）对一名患有与哀伤和广泛性焦虑相关的适应障碍的男性进行了细致的测量评估，当讨论与当事人核心关系冲突相关的关键治疗话题时，他防御性和情绪性水平更高。有关控制过程的进一步讨论，请参阅霍洛维茨（2005）或霍洛维茨和伊尔斯（2007）。

其他理论观点提供了识别防御机制和应对机制的替代选择。其中包括认知扭曲（A. T. Beck, 1963; J. S. Beck, 1995）和安全行为（Behar & Borkovec, 2006; Ehlers & Clark, 2000; Salkovskis, 1996）。后者的作用只是短期内最大限度地减少焦虑，但代价是阻碍了恐惧信念的消解或失去了暴露于可能导致焦虑症状消失的经历的机会。另一个关于阻碍的例子是干扰治疗的事件,这是一种破坏治疗的行为,如缺席、迟到或总是带着紧急危机来,妨碍了对导致症状的模式的探索。

外在阻碍可能是由于经济拮据、交通不便或家庭成员不希望当事人寻求心理咨询而不能参加治疗。此外,咨询师可能由于受训不足、缺乏共情、缺少回应、反移情、微妙的敌意和拒绝以及类似的适应不良反应等而在不经意间成为另一个阻碍。

罗谢勒的阻碍

以下是罗谢勒的主要阻碍:

- 她缺席了一次会谈;
- 她因离家出走受到控制欲强的丈夫的惩罚,这可能会阻止她来治疗;
- 经济不独立;
- 治疗中可能出现的情感不耐受。

步骤5:阐述核心假设

核心假设是对产生问题的中心机制的简要陈述。在接下来的内容中,我提出了一系列解释性样例,以帮助发展核心假设。样例的优点是它对丰富的想法进行了简洁的凝练。解释性样例有助于快速了解当事人问题的多种角度。本章中描述的样例基于成熟的心理咨询理论,这些示例的目的不在于穷尽或求全,它们之间也不是完全独立的,而是呈现循证支持的心理咨询的理论的范畴。本章的假设是,制定一个专家级的解释性假设需要对与心理咨询的过程和效果、精神病理学、人类发展和认知科学相关的研究和理论有广泛和深刻的理解。呈现这些样例的目的是实用主义导向：提炼这些流派的基本解释命题，以便于在心理咨询的个案概念化中生成假设。当然，这些样例是从更完善的理论背景中凝练出来的。这些样例是：

- 素质 – 压力；
- 愿望 – 恐惧 – 妥协；
- 自我、他人和关系的表征；
- 认知评价；
- 行为功能分析；
- 情绪意识缺陷。

本文将对其中一些内容的变体进行说明。在看这些解释性样例时，也请记住每个样例有被支持的证据，也有不被支持的证据。在形成假设的时候，可以尝试使用多个样例对当事人的问题进行解释，然后从中选择一个最清晰的、最令人信服的，并最有可能导向良好效果的。

框架1：素质 – 压力

如本章前面所述，精神病理学的素质 – 压力模型是解释人类精神问题全面而典型的综合模型。因此，它是一个很好的初始解释性框架。这个框架包括当事人的素质和压力源，咨询师需要注意哪些看起来是最关键的内容，并注意当事人对压力源的评价。这也给了咨询师一个提示，即压力和素质的相互作用足以产生症状和问题。然后，治疗将侧重于缓解压力和/或提高对压力的适应能力。从长远来看，治疗将侧重于对易改变的素质进行工作。这个模型也可以被视为对解释性主题的初步确认，当然，这些解释性主题也可以在其他样例中被进一步阐述。

素质指的是与精神病理学有关的遗传的、生物的、体质的或气质的风险因素。要考虑生物学意义上的亲属是否有精神疾病，以及这些个体与当事人在遗传上的亲缘关系有多近。考虑早期创伤经历和有问题的依恋的关系。此外，还要考虑关于自我、他人、未来和世界的功能失调的核心信念。这些信息可能包括当事人觉得自己是不值得被爱的、绝望的、世界从根本上是充满威胁的和不安全的等核心信念，或认为生命在本质上毫无意义。其他可考虑的因素包括发育/学习缺陷，以及个人是否在发展和教育匮乏的环境中长大。

至于当前的压力源，要注意近期发生的可能改变生活的重大事件，包括积极的和消极的，以及大量的日常琐事。要关注的生活领域在第5章中讨论过。这些领域包括学校/工作、家庭和社会生活、自我或亲人的医疗问题以及文化适应的压力。要特别注意是否有离婚或婚姻状况的其他变化、近期的死亡事件、生活处境的重大变化、自我或重要他人的搬迁、就业状况的变化、最近发生的威胁生命的或可能威胁自己或他人生命的事件，以及类似的重大生活事件。日常琐事的累积效应也是需要考虑的。日常常见的烦扰在前面也提到过，还可以参考日常烦扰量表（Daily Hassles Scale）所列出的清单并邀请当事人据此进行自我评估（Holm & Holroyd, 1992）。

> **基于素质－压力模型对罗谢勒问题的解释**
>
> 罗谢勒有以下潜在的特质：
>
> - 高情绪反应的气质；
> - 青少年时期被强奸导致她认为世界和男人都是危险的和具有威胁性的；
> - 儿童时期缺乏稳定的照顾；
> - 长子的死亡导致她认为世界是不稳定和不可预测的；
> - 糖尿病导致她容易患抑郁障碍和焦虑障碍；
> - 罗谢勒对自己生活处境的评价是没有希望的，她因此备受折磨。
>
> 可以确定的压力源包括：
>
> - 控制欲强、可能不忠且有药物依赖的丈夫；
> - 财务不稳定；
> - 拥挤的住房条件；
> - 单亲家庭；
> - 薄弱的社会支持。

框架 2：愿望－恐惧－妥协

愿望－恐惧－妥协模型是基于这样一个假设，即人的内心充满了多重的且很大程度上无意识的、相互冲突的驱力。这个想法也是基于一个被普遍接受的假设，即人们有让快乐最大化和不利最小化的动机，在心理咨询中，与这个观点最直接相关的是心理动力学思想（Messer & Wolitzky, 2007），尽管它也可以追溯到其他哲学和文学领域（Ellen berger, 1970; Haidt, 2006）。这个框架的核心思想是，当一个愿望同时带来想要和不想要的后果时，症状就会以折中的形式出现。例如，当事人可能希望被爱，但害怕亲密，因此会形成不是那么亲密的友谊，但最终会发展成慢性焦虑，因为基本的愿望和恐惧都没有得到控制。或者，当事人可能希望独立，但又害怕被抛弃，因此在与爱人分离时感到恐慌，之后，这个当事人可能会发展出一种反依赖的关系，表现形式可能是敌对依赖或共同依赖。

在这一框架中，还应考虑其他变体，这包括愿望－愿望的冲突与恐惧－恐惧的冲突。有时，不同的愿望之间是有冲突的，不同的恐惧之间也可能会有冲突，冲突之后就会导致妥协。例如，当事人可能想要有亲密的关系，同时也想保持独立，并将两者视为相互冲突的，从而导致心理症状和关系问题。再比如，当事人可能害怕与他人竞争，但也害怕失败，这可能会导致当事人在自我主张和退缩两个极端之间的摇摆，或在实现目标时停滞不前。可以看出，矛盾心理是"愿望－恐惧－妥协"及其变体的核心特征。

基于愿望－恐惧－妥协模型对罗谢勒问题的解释

将"愿望－恐惧－妥协"的框架应用到罗谢勒身上，可以做出如下解释：

罗谢勒的主要冲突在于，一方面渴望独立、自由和被爱，但是如果她让自己信任并真诚地与爱人亲密，她又害怕自己被抛弃。此外，还有一个隐藏的愿望，就是她希望能够依靠他人，被他人照顾，完全放弃自主性。她对愿望－

> 恐惧以及愿望-愿望困境做出的妥协就是，无法在丈夫面前坚持自己的立场，对自己的依赖感到不满，焦虑抑郁发作，以及在亲密关系中扮演愤怒但顺从的角色。

框架3：自我、他人和关系的表征

框架3和"愿望-恐惧-妥协"模型有共同特点，但增加了自我、他人和自我与他人关系的心理表征。它与框架1的起源类似，不过增加了心理动力学中的客体关系理论（Kernberg, 1975; Kernberg, Selzer, Koenigsberg, Carr, & Appelbaum, 1989; Kohut, 1971, 1977）、社会认知理论中的自我图式概念（Baldwin, 1992; Markus & Wurf, 1987; Singer & Salovey, 1991），以及依恋理论中的内部工作模型等概念（Bowlby, 1969, 1979; Bretherton & Munholland, 2008）。这些理论认为，建立和维持与他人的依恋关系是人类获得安全感的基本需求，早期照料关系中的干扰行为为日后人际关系困扰以及不适应的自我和他人概念埋下了种子。

框架3的核心概念是关于自我和他人的多重内部工作模型，或称图式。这些心理表征是"关于人的有组织的、特征联结的、持久的、变化缓慢的、概括性的知识结构"（Horowitz, Eells, Singer, & Salovey, 1995, p. 626）。图式包括内化的交互序列，这些序列协调感知、思维、情感和行动。社会心理学家乔纳森·海特（2006）描述了自我多重心理表征的想法：

> 通常我们认为，每个人体内都存在一个人。但在某些方面，我们每个人内部更像是一个委员会，委员们被集合到一起做一项

工作，但他们通常发现各自的工作目标不一致。(pp.4–5)

莎士比亚在《皆大欢喜》(*As You Like It*)中也表达了这一观点："世界是一个舞台，所有的男男女女不过是演员；他们有各自出场和退场的时候，一个人一生扮演着多重角色。"正如莎士比亚的戏剧一样，自我和他人的不同方面在不同时段占据着的舞台，而这些部分不一定相互兼容或内在一致。

还有几种心理咨询的个案概念化的结构化模型可以通过框架3来理解，包括莱斯特·鲁伯斯基的核心冲突关系主题（Luborsky, 1977; Luborsky & Barrett, 2007）、玛迪·霍洛维茨的角色关系模型构造（Horowitz & Eells, 2007; Horowitz, Eells et al., 1995）、乔治·西尔伯沙茨和詹姆斯·T.柯蒂斯的计划制订方法（Curtis & Silberschatz, 2007; Silberschatz, 2005b）、认知分析治疗个案概念化模型（Ryle, 1990; Ryle & Bennett, 1997）、循环性适应不良模式方法（Binder, 2004; Levenson & Strupp, 2007; Strupp & Binder, 1984）和社会行为的结构化分析（Benjamin, 2003）。其中，研究最多、可能也是最简单的是核心冲突关系主题，它包括愿望、他人的回应以及自我的回应三个部分。核心冲突关系主题是咨询师通过倾听当事人在治疗中关于关系的叙事来识别的，从这些叙述中，咨询师识别出当事人最常见的人际关系愿望、他人对这些愿望的预期反应以及当事人自己对他人预期反应的回应。核心冲突关系主题是这些愿望和反应中最常见的。

在治疗早期，罗谢勒讲了三个与他人关系的故事。第一个故事中，她讲到因为知道丈夫会邀请朋友来家里看比赛，她特意给丈夫买了他最喜欢的啤酒,但她丈夫对此没有任何表示;第二个故事里,她讲述了自己被招聘后是如何在工作中不遗余力地取悦自己的主管,但从来没有得到一句感谢的话;第三个故事中,她描述了为女儿策划和举办生日派对的过程,但事后却没有得到女儿的任何感激之情。基于这三段叙事,咨询师形成了以下冲突关系的核心主题:

- **自我的愿望**:取悦他人,被看到和欣赏;
- **其他人的反应**:忽视;
- **自我的反应**:感到沮丧、退缩、变得抑郁或愤怒。

为了使用框架3生成解释,建议读者先学习前文提到的任一种结构化的个案概念化的方法,每一个方法的细节都非常丰富,因本书篇幅有限没有具体描述。除此之外,仔细倾听当事人的叙述,并从中推断出图式和脚本。要倾听导致痛苦心理状态的叙述,尤其留意涉及当事人理解自己、他人和关系的方式的内容。要认识到当事人内心可能有一群对自己和他人的看法各不相同的"演员"。为了进一步帮助你从框架3的角度构建个案概念化,下文提供了三种变体。

框架3的第一个变体是基于洛娜·史密斯·本杰明(1993b,2003)对精神病理学的构建,即"每一种精神病理学都是爱的礼物"。这是本杰明对具有严重人际关系问题和持续症状的难治性患者的核心问题的表述。根据本杰明的说法,这些模式是由对早期照顾者的模糊理解和破坏性的初始依恋所驱动的,其特征是对这些人的爱和忠诚。她声称,即使是表面上对照顾者的敌对情绪也隐藏着潜在的爱。通过一个以性情为媒介的社会学习过程，当事人学会以初始依恋对象对待自己的方式那样对待自己和他人，也可能像对待照顾者那样对待他人。实际上，当事人对依恋对象说："我的问题是我要如何向你表达我对你的爱和忠诚。"能带来潜在人格结构改变的心理咨询需要识别和理解这些模式（这也是为什么个案概念化是必需的），以及当事人需要开放地学习新的模式。

框架 3 的第二个变体是基于约瑟夫·韦斯（Joseph Weiss）的控制 – 掌握理论（1990, 1993; see also Curtis & Silberschatz, 2007; Silberschatz, 2005b），该理论认为精神病理源于在创伤性童年经历中生成的强大的、无意识的、充满情绪的、威胁性的和情绪上令人痛苦的"致病信念"。这些信念倾向于专注于为他人的幸福承担过多的责任，导致很大程度上或完全没有意识到的内疚，并阻止当事人获得独立，不能比他们的父母或兄弟姐妹更幸福或更成功。背负着这些致病信念，个体发展出一种适应性的并且通常是无意识的"计划"来否定它们。当试图推翻致病信念时，当事人需要测试他们的咨询师。他们可能会缺席、迟到，或者在讨论结束时来测试咨询师是否像当事人想象中的依恋对象一样有被抛弃的感受。总而言之，核心思想是当事人使用治疗来否定他们的致病信念。

框架 3 的第三个变体是科胡特的镜像自我客体和理想化自我客体，以及好的/坏的自我/他者。基于自体心理学的个案概念化中的解释强调由于照顾者的共情回应失败而导致的个体自体的统整性被破坏。

寻找这些关系的当事人如何对待作为咨询师的你，是当作理想化的自体客体还是镜像的自体客体。从客体关系的角度来看，则是关注那些将心理表征二分为"全好"或"全坏",并将其他人(包括作为咨询师的你)也贴上同样标签的当事人。

基于自我、他人与关系的表征模型对罗谢勒问题的解释

罗谢勒的核心冲突关系主题早前被描述过。在此基础上,她的问题可以根据框架3解释如下:

罗谢勒的主要冲突是一方面希望被爱、自主、自由,另一方面也希望被爱和依赖他人。她还没有形成一种安全、积极的自体感,因此需要向他人寻求指导。她把别人分为要么爱,要么背叛。因此,她怨恨自己的依赖,同时害怕被遗弃,这使她的情感被剥夺。她因让别人失望而感到内疚。她的焦虑、抑郁和躯体化都源于这些冲突。

框架4:认知评估

框架4来自认知治疗学派。如前所述,它关注当事人如何解释他们生活中的事件,而不是事件本身。"认知模型……假设人们的情绪和行为受到他们对事件的感知的影响"(J. S. Beck, 1995, p.14)。从这个角度来看,咨询师会问两个问题:(1)哪些功能失调的想法和信念与当事人的问题和诊断有关?(2)当事人在情感上、生理上和行为上是如何对这些想法和信念产生反应的?这些问题的答案是通过检查早年的学习和经历、潜在的信念、应对方式和压力源获取的。认知取向个案概念化的核心被称为**工作假设**

（Persons, 2008; Wright, Basco, & Thase, 2006），这是对上述问题的答案的简要总结，并随着治疗的展开而展开。工作假设的主要组成部分是当事人的自动化思维、中间思维和核心信念或图式（J. S. Beck, 1995）。因此，框架4涉及识别这些成分。如前所述，自动化思维是一种快速、简短、评价性的思维，它是情景化的，毫不费力地出现，以至于人们几乎意识不到它们。它们与情感、行为和生理反应有关，可能包括心理指征、症状和生活中的问题，如"玛丽没有回我短信，所以她一定生我的气了""我根本做不完这些工作""我在全班演讲时肯定会搞砸"。核心信念是对自己、他人和世界的基本的、根深蒂固的理解。这些信念通常没有被明确表达出来，但它们却是人们看待和解释世界的"透镜"。它们是最根本的信念层次，往往是全局性的、僵化的和过度概括的，如"我是不可爱的""每个人都必须爱我""我是有缺陷的，未来是无望的""什么都不会改变"以及"世界是危险的、有威胁的和混乱的"。在自动化思维和核心信念之间存在着"中间"信念。它们是从核心信念中衍生出来的规则、态度和假设，并通过自动化思维中表达出来，如"如果你不谈恋爱，你就是一个失败者""如果我让自己感受到一丁点情绪体验，我将完全失控""如果人们不立即回复我的请求，那就是不尊重我""我必须一直工作，尽我最大的努力""我必须在别人结束我们的关系之前先提结束"。中间信念还包括适应不良的应对方式，如"我要回避所有引起焦虑的情境""酒精将帮助我克服这场应酬""我必须始终保持控制，否则会发生可怕的事情"。

除了刚才描述的核心认知评价框架之外，现在还发展了一些针对特定疾病的变体。这些包括抑郁（A. T. Beck et al., 1979）、焦虑（A. T. Beck et al., 1985; Clark & Wells, 1995; Ehlers & Clark, 2000）、人格障碍（A. T. Beck et al., 2004）和药物滥用（A. T. Beck, Wright, Newman, & Liese, 1993）的认知模型以及有明显认知成分的整合模型（e.g., Young, 1990; Young et al., 2003）。一个特定的例子是安克·埃勒斯（Anke Ehlers）和大卫·M. 克拉克（David M. Clark）的创伤后应激障碍认知模型（2000）。这两位作者提出，当认知加工导致个体感受到严重的、当前的威胁时，创伤后应激障碍就会持续存在。威胁感源于两个因素：第一个因素是对创伤和随之而来的事件的强烈负面评价，如"我就是个灾星""没有地方是安全的""我受到了永久性伤害""我的内心已经死了""其他人认为我很脆弱"；第二个因素是将创伤记忆整合到自传体记忆中的能力较差，且缺乏对创伤记忆的情境化处理。创伤记忆的时间和地点标记不清，例如无法明确区分在其他事件之前或之后发生，同时这些记忆也缺乏详细的组织和加工。创伤记忆还以强烈的联想记忆联系和知觉启动为特征。例如，一位患有创伤后应激障碍的当事人，她的孩子睡在船体附近时，因一氧化碳中毒意外身亡。后来，当事人对汽油的气味产生了强烈的反应，因为这种气味与她女儿的死亡的创伤记忆联系在了一起。事件相关的负面评价和事件以及自传体记忆整合不良这两个因素使个体容易受到记忆侵入和其他再体验症状的影响，同时也会导致警觉性增高、焦虑以及其他情绪反应。威胁感也促使个人采取**安全行为**，以防止或尽可能减少威胁。这些行为可能在短期内减少威胁，但从长期来看，它们带来的负面影响就是阻止认知改变，使得问题行为得以维持。例如，安全行为使得这样的信念更加坚定——如果没有安全行为那令人恐惧的事情就还会发生。例如，一位患有创伤后应激障碍的当事人每晚都靠近门口睡觉，并在手边放一把刀，以防闯入者试图进入她的家。安克·埃勒斯和大卫·M.克拉克列举的其他安全行为包括不谈论这次事件、有意地麻木情绪、反复思考如何可以避免这件事、回避与事件相关的提示物（包括事件发生的地点或与创伤相关人员的墓地）、携带武器、放弃愉快的活动、回避人群、不为未来做计划、熬夜以避免噩梦等。

基于认知评价模型对罗谢勒问题的解释

可以确认罗谢勒有几种自动化思维，包括"我不能独自生存""我必须有一个伴侣""我不在乎我是否会死""我必须表现出强烈的情绪才能吸引别人的注意"以及"无论我做什么都不会有什么不同"。其中的核心信念是"我不可爱""我感到无助"和"这个世界残酷而不公平"。值得注意的是，这些都被一种积极的核心信念所平衡："我是一个好人，能够保护自己和我爱的人。"中间的假设、态度和规则是"无论我做什么，都不会有什么不同"，一个过度概括化的观点——"所有的男人都是不值得信任的"，直接跳到结论的倾向——"如果他回家晚了，那就意味着他欺骗了我"。最后，安全行为是：保持对他人的依赖，回避朋友，因为恐惧他人会伤害或抛弃自己而不接近他人。

框架 5：行为功能分析

框架 5，又称功能分析，通过分析问题发生的环境，以及识别产生或维持问题行为或未能产生更适应性行为的前因后果来形成解释。经典条件反射原则主要适用于引发问题行为的条件，而操作性条件反射的原则更多地适用于问题行为的强化条件或后果。无论哪种情况，一旦目标问题被确定，咨询师在应用功能分析框架时的角色就是识别这些事件的前因后果。治疗计划的重点则是改变它们。注意，有些功能分析的解释会结合经典条件反射原则和操作性条件反射原则，而另一些则结合了认知和行为的观点。

功能分析的起点之一，是遵循马文·R.戈德弗里德（Marvin R. Goldfried）和乔尔·N.斯普拉夫金（Joel N. Sprafkin）提出（1976）的 SORC 模型。在这个模型中，其核心任务是识别以下四要素之间的功能关系：

- 前因刺激（stimuli）；
- 当事人或有机体的生物、行为、认知或社会文化特征（organism）；
- 目标问题或反应（response）；
- 反应产生的后果（consequences）。

阿瑟·M内祖、克里斯汀·马古特·内祖和伊丽莎白·R.隆巴尔多（2004）建议，先从问题性反应（R）开始，然后评估哪些因素和条件作为前因起作用（S），然后考虑有机体的中介或调节因素（O），最后评估结果（C），比如反应的个体内部、人际或环境影响。同样，可以进行行为链分析（Koerner, 2007; Linehan,

1993）。这涉及对导致问题行为发生及其后续事件按顺序进行逐步描述。

功能分析的第二个考虑因素是问题行为的**建立操作**（Keller & Schoenfeld, 1950; Michael, 2000）。这个术语指的是改变强化效果的变量。例如，当事人在投入到目标行为时的习惯性匮乏状态或满足状态。当事人可能"极度渴望"爱、情感和认可，因此咨询师的关注、共情和可及性可能成为一个有力的强化物，并服务于治疗目标；另一种相反的情况是，患有恐慌症、创伤后应激障碍或广泛性焦虑障碍的当事人可能会表现出一种生理上被激活和过度刺激的状态，对刺激"饱和"到即便是普通的强化物也会让他崩溃。

功能分析的第三个考虑因素是评估问题行为是否处于刺激控制之下。**刺激控制**是指利用环境中的条件，通过它们的存在塑造行为（操作性条件反射）或唤起强大的联想（应答条件反射）。例如，烟味可能会让一个正在戒烟的人想吸烟。同样地，走进自助餐厅时所看到的景象和闻到的味道，可能会使那些最理想的节食者抓狂。涉及刺激控制的概念化已被用于治疗失眠（Morin et al., 2006）、药物滥用（Antony & Roemer, 2011）、无法放松（Sturmey, 2008）和过度担心的广泛性焦虑障碍（Behar & Borkovec, 2006）。以担忧为例，其概念化逻辑在于，长期忧虑有许多环境诱因，因此处于广泛的刺激控制之下。指导当事人每天在特定的时间和地点"安排焦虑时间"，有助于将焦虑置于更好的刺激控制之下。

在功能分析中，第四个考虑因素是基于操作性原则对强化的偶然性进行分析，因为强化模式可以预测反应模式。彼得·斯特米（Peter Sturmey）建议（2008）咨询师考虑在当事人的生活中存在什么样的强化日程，强化发生的频率和规律性如何，为什么当前的偶发事件不支持适应性行为，以及是否偶然发生过支持适应性行为的事件只不过现在消失了。例如，在第1章中，我们曾谈到，彼得·M.卢因松（1974; Lewinsohn & Shaffer, 1971; Lewinsohn et al, 1987）发现，低水平的正强化是抑郁的前提，而增强正强化有助于缓解抑郁。换句话说，低频的期望行为表明强化计划是无效的，甚至是惩罚性的。这可以描述一种互动模式，在这种互动模式中，一方感受到对方将其拒之门外，几乎很少或是随意地给予关注和回应的话，会加剧其愤怒和易激惹程度。为了帮助这对夫妇打破愤怒的循环，咨询师可能会要求夫妻双方在互动中做出改变，采取充满爱意和支持的行为。夫妻治疗研究表明，频繁和相互的积极强化模式与更牢固的关系有关（Epstein & Baucom, 2002; Gottman & Silver, 1999）。

功能分析的第五个考虑因素是基于经典条件反射的，即识别无条件刺激（US）、无条件反射（UR）、条件刺激（CS）和条件反射（CR）对应的事件。后者通常是靶向症状或问题。进一步阐释来说，马丁·M.安东尼（Martin M. Antony）和莉莎贝丝·罗默（Lizabeth Roemer）描述了（2011）一位当事人，其社交焦虑障碍似乎与她父亲曾经经常性地批评有关。在批评她之后，他会把注意力转移到其他人身上，或者直接走开，留她独自在那焦虑不安。后来，她开始在别人面前感到焦虑和不安，担心他们会批评她。安东尼和罗默的分析是，父亲的批评是非条件刺激（US），引发了她的恐惧反应（UR）。后来，这种模式被泛化，这样，即使是他人无伤害的行为也变成条件刺激（CS），引发了恐惧、焦虑和自我怀疑等条件反应（CR）。这个例子表明，在进行功能分析时，有时有必要寻找多年前可能已经建立的刺激－反应关联。此外，在考虑刺激和反应之间的联系时，注意到条件反射的表面暴露可能不是它看起来的那样。例如，伊芙琳·贝哈尔（Evelyn Behar）和托马斯·D. 博克维克（Thomas D. Borkovec）提出了（2006）一个假设：尽管反复暴露于引起焦虑的刺激之下（CS），但广泛性焦虑（CR）仍会持续存在，原因在于当事人采用的补偿机制在心理上钝化了对刺激的充分暴露，因此，焦虑并没有消失。更值得注意的是，马克·E. 鲍顿（Mark E. Bouton）的文献综述（2002）表明，焦虑的消退是根据具体情况而定的，很少是永久性的，这也是治疗计划中的一个重要考虑因素。

基于行为功能分析模型对罗谢勒问题的解释

从行为的角度对于罗谢勒问题的解释聚焦在她的抑郁和焦虑情绪以及她的愤怒发作上：她的抑郁情绪是由于缺少正强化导致健康行为序列消失而造成的。抑郁状态的维持则是由于持续缺乏正强化以及通过负强化（如责任的消除）来维持的，当她处于抑郁状态时，她试图接触别人却失败了，这种厌恶的后果又会加剧她的抑郁情绪。她的焦虑和恐慌是通过经典条件反射建立的，并通过操作性条件反射维持它们。被强奸的经历作为非条件刺激引发了如今已泛化的恐惧感。焦虑是通过回避和逃离潜在的唤起焦虑的经历来维持的，包括付诸行动和人际退缩。

框架6：情感觉察缺陷

这个框架解释了缺乏情感自我意识的问题，它源于心理咨询理论中的人本主义、格式塔和情绪聚焦心理咨询方法发展而来（Perls et al., 1965; Rogers, 1951）。当前，莱斯利·S.格林伯格（2002; Greenberg & Goldman, 2007; Greenberg & Watson, 2005; Watson, 2010）的相关著作中很好地阐释了这一理论。这是一个很强的以过程为导向的解释问题的方法，咨询师要持续关注当事人每时每刻的体验，试图在情绪上与当事人保持联结，并从情绪层面对当事人做出回应。这与当事人被一种扭曲的自我实现倾向所驱动的观点是一致的，咨询师的任务是帮助当事人提高情绪自我觉察，从而实现自我发展。为了做到这一点，咨询师需要努力保持对当事人的真实、共情、尊重和接纳。

这个框架首先要密切关注当事人处理情绪的方式。关注当事人的语音特质，尤其是当事人是情绪聚焦还是外部聚焦。当聚焦情绪时，个体试图用语言符号化他们的经历，情感能量就向内转化；相反，外部聚焦的声音则像是一种预先监控的、排练过的且缺乏自发性的，并给咨询师一种"被谈话"的感觉。在观察当事人如何处理情绪时，要特别注意其情绪痛苦最强烈的区域。咨询师也要注意当事人的情绪感染力、语言的生动性、讲话的中断和话题的转移。

第二步是识别**任务标记**。这些是当事人尚未解决的认知－情感问题的迹象，这也是需要治疗干预的迹象。莱斯利·S.格林伯格和朗达·N.戈德曼（2007）列出了以下任务标记（p.302）：

1. 通过对特定情境的情绪或行为反应感到困惑而表达的问题反应;
2. 冲突分裂,其中自我的一部分对另一部分持批评或强制态度;
3. 自我中断分裂,其中一部分自我中断或限制情绪体验和表达;
4. 一种不清晰的感觉,在这种感觉中,个体处于体验的表层,或对自己的体验感到困惑,无法清晰理解自己的体验;
5. 未竟事务,涉及对重要他人持续未解决的情感表达;
6. 脆弱性,一个人对自身体验的某些方面深感羞耻或没有安全感。

治疗计划和干预措施取决于对标记的识别。例如,对于前面提到的第 2 个和第 3 个标记,建议采用双椅技术,其他的干预方法有系统性唤起展开、情感聚焦和空椅技术等。

第三步,随着任务标记的确定和咨询进程的推进,导致当事人情绪痛苦的个人和人际主题会逐渐浮现出来,如不安全感和无价值感、未解决的愤怒或被忽视和被遗弃的感受。这些主题往往集中在以下四个领域之一:

- 无法符号化内在体验;
- 与自我不同方面的冲突;
- 人际冲突;
- 存在主义议题(Greenberg & Paivio, 1997)。

这些主题使得每次咨询都具有连续性，尽管它们往往来自当事人报告的自己的经历，而不是咨询师最初提出的主题。

基于情感觉察缺陷理论对罗谢勒问题的解释

对罗谢勒情绪处理过程的观察表明，她的情绪表达有一种强迫性特质，此外，她有时会长时间保持沉默。在咨询过程中没有观察到爆发性愤怒的发作。她似乎主动让自己和亲密的情绪保持距离，对自己的情绪需要也缺乏觉察。在任务标记方面，她不明白自己为什么会在某些情况下表现出如此极端的情绪。也可以看到，她可能会极度自我苛责，但她也会以一种看似勉强且信念存疑的方式坚持自己的独立和力量。她回避谈论她死去的儿子和被强奸的经历。她似乎为自己在生活中缺乏更大的成就而深感羞愧。一个普遍的主题似乎是自卑感和缺陷感，似乎她不配获得更多，但她也在与这些感受做斗争。

小结

这一章内容十分丰富。为聚焦于制定解释性假设，我谈到了两个主要的信息来源：理论和证据。我将假设的产生聚焦在精神病理学的素质－压力模型上，该模型被认为是一个强有力的综合性框架，可以作为解释当事人问题的起点。在介绍构建解释框架的步骤时，我讨论了如何辨别诱因、来源、资源和阻碍，它们都是始终需要考虑在内的因素。然后，我提出了六个核心解释框架，它们可以放在素质-压力模型下来看：

- 基本的素质-压力解释；
- 愿望-恐惧-妥协；
- 自我、他人和关系的表征；
- 认知评价；
- 行为功能分析；
- 情感觉察缺陷。

这些并没有穷尽所有可能的核心解释，而是当前心理咨询专家的代表性思想。

关于罗谢勒的问题，有以下多种可能的解释：

- 渴望被爱和养育的愿望受挫；
- 独立和依赖之间的冲突；
- 重点聚焦于她的行为；
- 环境如何塑造她的行为等。

另一种核心解释则聚焦在与不被爱和无助的潜在感觉相关的自动化思维。还有一种解释是，罗谢勒情感生活存在问题，她缺乏一套完整的、能让她更全面、更有意义地生活的情绪处理技能。

咨询师如何在这些可能的解释中做出选择？我的建议是，根据你对你的当事人的了解，并且考虑多种解释。一种有用的做法是，尝试性地提供一个核心的解释性假设，并看看它如何与当事人的经验和价值观相契合。通过当事人的文化身份和价值观来考虑哪一个解释更优,并且要结合相关问题范畴的实证证据。此外,基于你对当事人做出的最好的概念化,评估你自己提供干预措施的能力。如果你缺乏所需的技能,可以转介给受过相关培训的同事。最后,请记住解释性假设只是你对如何解释当事人问题的最佳判断。要在实践中进行检验,并且在监控进程的时候按需修订这个假设。第 8 章则是关于个案概念化的最后一个主要步骤:利用你所学到的一切来制定一个咨询方案。

第 8 章

步骤 4：制定咨询方案

咨询方案通过诊断和解释性假设将问题与干预措施联系起来，它涉及选择策略和技巧来解决咨询师和当事人在治疗中选择关注的问题。方案引导咨询师在咨询中的行动。咨询方案指引着咨询任务，而在任务上的协作是工作同盟的主要成分（Bordin, 1979），因此咨询方案对咨询同盟很重要。

一个好的干预方案至少具有以下七个特点。

第一，咨询方案应该是咨访双方协作开发的，并且是双方都能接受的。条件允许的话，咨询师应该解释所提议的干预方案的缓解率和康复率，以及咨访双方的角色。

第二，治疗计划应该有充足的细节，从而能够指导具体行动。"提供 CBT" 这样的说法太泛泛了。这样写更好："建立工作同盟；解释 CBT 的干预方案和基本原理；如果当事人选择 CBT，识别和评估其自动化思维，传授放松技巧以减轻焦虑。" 如果能够做到针对当事人独特的非适应性思维与人际风格来确定并制定针对性的干预措施，那就更好了。比如，根据当事人防御性主导关系的需求，建立工作同盟；鼓励行为激活以减少抑郁症状并重振士气；

探索并审视当事人认为自己"不可爱"和"不正常"而他人"完美无缺"这一观点的证据；挑战关于无价值感和自我责备的自动化思维；帮助当事人洞察改善自我概念的基础；教授思维暂停和分散注意力的技巧以减少反刍思维；鼓励当事人在练习中审视对自我和他人的看法。

第三，所制定的咨询方案应该根据当事人的能力范围确定一个现实的时间框架。如果当事人有认知受损或心智能力有限，那么一个聚焦于自我反省和提高自我觉察的咨询方案就不恰当。

第四，咨询方案应该明确咨询效果，这部分内容后面会详细讨论。目标设定理论表明，有效的目标应该是具体的、可衡量的、可实现的、现实的和有时限的（Latham & Locke, 2007; Locke & Latham, 1990）。

第五，咨询方案应该明确优先级，并且将行动步骤排序。确定优先级意味着在治疗的备选行动方案中做出选择，有些行动要优先于其他行动。例如，确保当事人安全比评估社交情境中当事人潜在的认知扭曲要优先考虑。类似地，确定优先级包括与当事人一起从一堆问题中明确要解决的问题。对行动步骤进行排序是很重要的，因为咨询师总是在决定下一步要做什么——倾听和反馈、表达共情、提供建议、给出反馈、提出问题、进行会话练习，等等。

第六，理想的咨询方案应当能够检验解释性假设，并根据当事人对干预措施的反应提供相应的应对策略。一个方案不需要严格地或僵化地坚持，但应该让咨询师可以对随后展开的事件做出反应。

第七,一个好的咨询方案是高效的和省事的。理想情况下,它提供了最直接和省时的路径以取得好的咨询效果。

基于这些特点,本章描述了制定咨询方案的三步过程:(1)评估治疗的设定点;(2)确定目标并排序;(3)选择达成目标的干预措施。我以罗谢勒为例对每一步进行说明。

评估咨询的设定点

"设定点"一词起源于生理学,指的是体内稳态状态,在这种状态下,生理系统的稳定性维持在相对恒定的水平。这个概念已经被用来描述心率、体重、内脏调节以及自主神经和交感神经系统的相互作用的功能稳定性。在心理咨询的语境中,设定点是指咨询前当事人及其关系状态,这些状态起到维持平衡和稳定性的作用。因此,咨询设定点的作用是抵制改变,在设计干预方案时必须考虑到这一点。在生理学中,设定点的一个特点是,它是由相互对立且相互作用的力量相互平衡后达到的稳定状态。同样,在心理咨询中,我们不仅必须考虑当事人对改变的准备程度,还要考虑咨询师对当事人准备程度的反应,以及当事人又可能会如何回应。也就是说,由于心理咨询通常在二元关系中展开,因此人们必须考虑到当事人、咨询师和他们之间正在建立的关系。值得注意的是,生理上的内稳态的概念正慢慢地让位于内稳态调节的概念。后者更好地描述了这种多重的复杂调节机制,包括负反馈和前馈过程,以及我们现在知道的生理系统的多层次分层组织控制(Berntson & Cacioppo, 2007)。这种理解上的转变同样适用于心理咨询。稳定的心理状态由类似复杂的机制维持，但也有可能发生变化导致建立起新的设定点。

考虑咨询设定点作为咨询计划的第一步，是承认了当事人和咨询同盟对咨询效果的重要贡献。如第 4 章所述，当事人约莫可解释约 40% 的结果变异（Lambert, 2013a）。鉴于这一重大贡献，评估当事人可能如何利用其对结果的影响，以及你可以在多大程度上促进这一过程是很重要的（Bohart & Tallman, 2010）。因此，了解当事人自己的努力可以以何种具体方式做出贡献是很有帮助的。约翰·克拉克·诺克罗斯（John Clark Norcross）和布鲁斯·E. 瓦姆波尔德（2011）回顾了大量心理咨询过程以及支持其有效性的实证证据。在本书中，我主要考虑了四个方面：

- 当事人的抗拒（reactance）；
- 当事人的偏好；
- 当事人的文化、宗教和精神性因素；
- 当事人为改变所做的准备。

诺克罗斯和瓦姆波尔德指出在临床应用这些发现时要谨慎，因为研究是相关性的，因此不能假设因果关系。尽管如此，这些研究结果仍然足够可靠，值得在咨询方案中加以考虑。

当事人的抗拒

拉里·爱德华·博伊特勒（Larry Edward Beutler）、托马斯·马克·哈伍德（Thomas Mark Harwood）、艾伦·米切尔森（Alan Michelson）、宋晓东（Xiaodong Song）和杰森·霍尔曼

（Jason Holman）将"抗拒"定义为一种状态或特质（2011），指的是对改变的普遍拒绝或对外部需求的敏感性，这种敏感性减少了当事人的选择余地。这与精神分析术语"**阻抗**"（resistance）类似，"阻抗"指的是当事人对咨询师试图引导其发生积极变化的努力的防御性拒绝。然而，"抗拒"这个概念的不同之处在于，它不局限于当事人行为，还包括心理咨询环境。它反映了这样一种观点，即咨询师未能使咨询适应当事人，导致了当事人的不依从。"**抗拒**"一词起源于莎伦·斯蒂芬斯·布雷姆（Sharon Stephens Brehm）和杰克·威廉·布雷姆（Jack William Brehm）的工作，他们将其定义（1981）为"这是一种由对个体感知到的合法自由受到威胁所引发的心理状态，促使个体努力恢复被阻碍的自由"（p.4）。高抗拒性的人往往是防御性的，容易感到被冒犯，并且比平常更少在意他们给别人留下的印象。他们拒绝遵守社会规范和规则，可能对履行职责和义务漠不关心。他们也可能难以包容他人的信仰和价值观，并倾向于表达强烈的感情和情绪。换句话说，"他们按自己的节奏行事"（Dowd, Milne, & Wise, 1991; Dowd & Wallbrown, 1993; Dowd, Wallbrown, Sanders, & Yesenosky, 1994）。

抗拒显著且反向调节了咨询师活动和咨询效果之间的关系。也就是说，随着当事人的抗拒和咨询师活动的增加，咨询效果也会恶化。在一项元分析中，咨询师活动和当事人抗拒之间的拟合优度对咨询效果的预测效应量为 0.81（Beutler et al., 2011），而在不考虑拟合优度的情况下，咨询师活动的效应值为 0.38。这种效应量大小的差异表明，仅仅根据当事人的抗拒和咨询师活动的拟合程度，咨询成功的机会就会增加 10%。

抗拒的测量方法多种多样。一种是使用纸笔测试，如使用明尼苏达多相人格量表并观察 K 量表、消极治疗指标（the negative treatment indicators, TRT）量表和支配性量表（dominance scale, DOM）。还有治疗反应量表（Dowd, Milne, & Wise, 1991），这是一个包含 28 个条目、2 个因子的量表：行为抗拒和语言抗拒。另外，还可以采用临床访谈的方法，观察当事人对咨询或咨询师表达的愤怒、烦躁或怨恨，以及怀疑或不信任的态度。此外，咨询师可以询问当事人和前任咨询师关系的质量，既往咨询经历中对家庭作业的依从性或出勤情况，以及在咨询外的关系中对权威的抗拒程度。

拉里·爱德华·博伊特勒等人（2011）提出了如何根据当事人的抗拒来规划咨询的建议。对于高抗拒的当事人，他们建议强调当事人的自主性和选择，而不强调咨询师作为专家和向导的角色。在具体的干预方面，他们建议使用增强当事人控制感和自主导向的任务；例如，避免布置死板的家庭作业，而是为当事人提供灵活的选择，例如自我指导的作业或自主选择阅读。此外，倾听与回应的相对平衡应该向当事人倾斜。对于新手咨询师，他们也建议将咨询师的指导性与当事人的抗拒程度相匹配，不要犯新手常犯的错误，即用咨询师自身的抗拒程度来代替当事人的抗拒程度。他们还建议尽量减少引起阻抗的干预措施，并将当事人抗拒状态的增加当作干预措施无效的信号，而不是当事人的缺陷。因此，处理抗拒成为咨询师要解决的问题，而不是当事人的问题。总之，应该在鼓励积极的改变和尽量减少对当事人自主性和控制感的威胁之间取得适当的平衡，要意识到当事人的抗拒可以帮助制定咨询方案。

评估罗谢勒的抗拒

罗谢勒的抵触情绪是根据她在初次访谈中和访谈后的行为来评估的。她被认为有很高的抗拒程度。在很大程度上，这一判断是基于她没有来出席或取消她的第二次面谈。尽管罗谢勒在初始访谈中表现出顺从，但也有一种担心就是她可能表现出一种安抚咨询师的模式，即表面上试图取悦咨询师，但内心却在抗拒。还要注意到她既没有表现出对咨询师的愤怒，也没有对咨询师产生怀疑。基于此，干预的思路是是把重点放在倾听上，并特别留意要允许罗谢勒有机会表达自己的想法，并能体验到咨询师理解这些想法。此外，咨询师要仔细关注她在依赖与独立之间的冲突可能对咨访关系产生的潜在影响。最后，不要太急于提出建议，并要强调是提供的支持而不是咨询师的见解。

当事人的偏好

在确定开始治疗的设定点时，另一个明显有效的评估因素是当事人对治疗的偏好。**偏好**指的是当事人关于咨询师角色的愿望和价值观（主要是主动提供建议还是倾听和反馈）、咨询师特征（如年龄、性别、从业年限、种族等）和诸如心理动力学或认知行为的咨询特征（Swift, Callahan, & Vollmer, 2011）。美国心理学会循证实践专业工作组（2006）的指南也强调评估当事人的偏好。他们表示，咨询的相关决策应该与当事人共同制定，并应最大限度地尊重当事人的偏好。

元分析表明，当事人的偏好能够可靠地预测脱落率；具体而言，接受与其偏好匹配或考虑了偏好的咨询的当事人，其脱落的可能性比那些偏好被忽视或不匹配的当事人低一半到三分之一（Swift et al., 2011）。考虑或至少承认当事人偏好也可以预测咨询结果，估计效应量为 0.31，虽然很小，但仍然可靠，并且其本身能够预测约 3.5% 的咨询效果差异（Swift et al., 2011）。

基于这一研究，建议咨询师将定期评估当事人的偏好作为制定干预方案的一部分（Swift et al., 2011）。评估时应考虑到当事人对咨询角色、咨询师偏好和咨询类型的偏好。

对偏好的评估可以很简单，比如在向当事人解释干预方案的选择时，直接询问其偏好。例如，仅接受心理咨询、心理咨询结合药物治疗或仅接受药物治疗，当事人更倾向哪一个。还可以直接询问当事人对于咨询本身的偏好。这种情况下，除非当事人自己主动提起，咨询师不需要过分强调心理咨询的"品牌"，比如认知行为、心理动力、辩证行为，等等，而应更多关注当事人在一开始的期望。恰当的时候，咨询师也可以直接询问当事人有关性别、种族和民族的偏好，尤其是当咨询师与当事人的性别、种族、民族或文化不同时。咨询师也可以定期询问当事人是如何感知咨询师的行为方式和风格的。对于那些不了解咨询的当事人，咨询师应该准备好做心理教育。能与当事人的偏好匹配更好，但有时候没法做到这一点。幸运的是，有研究表明，通过直接询问来表达对这些偏好的敏感性，也可以对咨询效果产生积极影响（Swift et al., 2011）。

罗谢勒的偏好

在咨询师打电话问她为什么没来之后,罗谢勒确实回到了咨询中。在第二次咨询中,罗谢勒解释说她前一周没有可以乘坐的交通工具,也没有想到打电话取消咨询。她的爽约让咨询师担心她可能会脱落,因此咨询师特别关注她的偏好。她被问及与她的咨询师——非裔美国女咨询师做咨询是什么感受。罗谢勒向这位咨询师明确表示种族和性别对她而言不是问题,并且她因为自己的咨询师是"一名医生"而感到安心。

罗谢勒还被问及刚开始的咨询是否对她有帮助,以及如何可能更有帮助。她也确认,开始阶段的咨询对她很有帮助,让她有希望感,也让她思考了很多。咨询师邀请她在后续的咨询中随时表达出现的任何担忧。

考虑到她的行为和情绪的不稳定性,医生建议罗谢勒同时接受心理咨询和稳定情绪的药物治疗,她都同意了。她的咨询师询问了罗谢勒对见面频率的偏好。在目标达成一致后(在本章后面讨论),他们决定每周见一次。

当事人的文化、宗教和精神性因素

我在第 3 章中提到,当事人的文化是在进行个案概念化时需要考虑的重要因素,包括当事人的宗教和精神性取向。在最后一章,我讨论了这些问题如何影响解释性假设。它们也与制定咨询方案有关。元分析研究表明,与对照组相比,明确考虑当事人文化、民族或种族的心理社会治疗预测结果的效应量为 0.46（T. B. Smith, Rodriguez, & Bernal, 2011）。这意味着文化适应的心理健康疗法可能与那些没有明确考虑文化因素的疗法相比略胜一筹。

但是心理健康疗法的"文化适应"是什么意思呢？加布里埃尔·贝尔纳尔（Gabriel Bernal）、玛丽亚·伊莎贝尔·希门尼期 – 查菲（Maria Isabel Jiménez-Chafey）和多梅内克·罗德里格斯（Domenech Rodríguez）将**文化适应**定义为"依据语言、文化以及情境系统性修改循证治疗（EBT）或干预方案，使其与当事人的文化模式、意义和价值观相一致"（p.362）。一般来说，文化适应性心理咨询是指根据当事人的文化信仰和价值观量身定制，在当事人认为"安全"的环境中、以当事人偏好的语言提供的咨询（T. B. Smith et al., 2011）。尤里斯·古斯塔夫·德拉甘斯（Juris Gustav Draguns）总结了几位在研究跨文化心理咨询的国际学者的观点（2008），提出文化适应的定义涵盖的共同主题，包括：

- 实践中保持灵活性；
- 对当事人带入咨询中的内容保持开放；
- 提供在当事人文化背景下有意义的专业服务；
- 如果传统治疗方法对当事人有益，则利用传统的治疗方法；
- 以一种文化适宜的方式去表达和交流共情；
- 谨慎并避免将文化差异解释为缺陷。

罗谢勒的文化、宗教和精神性因素

罗谢勒成长于一个不重视教育的工薪家庭。她从小就信奉天主教，但她自己并没有遵循教义，事实上，她对上帝感到愤怒，因为她觉得上帝让坏事发生在她和她身边人身上。她的原生家庭强调保守，甚至是专制的价值观，这是她所反对的。在她童年时期，家里的人经常喝酒，这是导致她遭受性虐待和她儿子死亡的一个因素。她不确定自己祖父母一代之前的种族血统。这些细节促使咨询师在制定咨询方案时考虑如下因素：

- 与罗谢勒一致，使用接地气的语言而不是官方话语；
- 尊重她在宗教和精神性上可能存在的矛盾心理，并意识到即使她现在对上帝感到愤怒并排斥这些价值观，但早期的宗教经历可能仍然会对她有影响；
- 尊重并肯定她原生家庭的职业道德对她生活的积极影响；
- 肯定她已采取的远离成长环境中的价值观、独立自我的行动，包括主动接受教育，从而让自己获得经济上的安全感和独立性；
- 尊重并肯定她对专制主义的厌恶，同时也要理解她可能内化为专制型风格，或是完全相反，内化为过度顺从。

当事人为改变所做的准备

评估当事人为改变所做的准备程度可以帮助咨询师制定合适的干预措施。詹姆斯·O.普罗查斯卡（James O. Prochaska）和卡洛·C.迪克莱门特（Carlo C. DiClemente）描述了（2005）一种跨理论的心理咨询方法，确定了改变的五个阶段，即前意向阶段、意向阶段、准备阶段、行动阶段和维持阶段。

前意向阶段意味着在可预见的未来不打算改变。当事人并没有考虑这个问题。**意向阶段**是当事人意识到存在问题并开始思考可以做些什么来解决这个问题,但他们还没有做出承诺来行动。在**准备阶段**,当事人已有了立即改变的意图,并计划了具体的步骤,例如,去看心理咨询师。他们可能已经开始采取其中的一些步骤,但还没有承诺实施一个特定的改变计划。在**行动阶段**,当事人已经为了解决一个或一系列问题而改变他的行为、体验和/或环境。这个阶段需要承诺投入大量精力和时间。最后,**维持阶段**是一个人取得重大改变并开始采取措施防止复发的阶段。

大多数当事人可能是在意向阶段或准备阶段开始心理咨询。例如,有些由法院转介或是被配偶以维持婚姻为条件而被迫接受咨询的人,可能处于前意向阶段。也有一些当事人可能已经采取了行动,比如阅读自助书籍或是向朋友寻求支持。当事人可能在某些问题方面处于改变阶段,而在其他问题方面处于其他阶段。有些人可能有动力并准备好解决抑郁和关系问题,但当涉及酒精或大麻使用时,却处于前意向阶段,尽管后者可能会导致抑郁和关系问题(另一种划分评估改变阶段的方式参见 Benjamin, 1993b)。

研究表明,在开始咨询前的改变准备对咨询效果预测的效应量约为 0.46,这处于中等水平,并意味着当事人在咨询中取得的进展量取决于他们在咨询开始时的"改变准备度"(Norcross, Krebs, & Prochaska, 2011)。此外,据估计,在咨询的第一个月内完成从一个阶段进展到下一个阶段的,在六个月内采取行动的概率会增加一倍。遗憾的是,关于干预措施与当事人的改变意愿的匹配是否也能预测效果,还没有充足的研究来得出相关结论。

然而，了解当事人是否准备好做出改变对于制定咨询方案有帮助。詹姆斯·O.普罗查斯卡和卡洛·C.迪克莱门特（2005）建议，根据当事人所处的改变阶段采取针对性的干预措施。他们声称，干预方法与改变阶段的正确匹配促进了当事人从一个阶段进展到下一个阶段。对于处于前意向阶段的当事人，他们建议采取提高意识的干预措施，如观察或阅读材料，以提高当事人对问题的原因、后果和潜在解决方案的意识。也可以通过角色扮演和讨论问题行为对他人的影响等方式，体验和表达对自身问题和解决方案的感受。例如，对于有酒精依赖但尚处于前意向阶段的当事人，他们可能会拒绝参加匿名戒酒会，但却愿意阅读描述酒精依赖及其后果的小册子。对于处于意向阶段的当事人来说，对个人价值观和生活优先事项的考虑以及矫正性情感体验，可以帮助他们进入准备阶段。在准备阶段，自我解放的过程变得尤为重要。重点放在提高自我效能和对积极结果的希望上，并将超越意志力作为一个改变的过程。适合准备阶段的干预措施包括给当事人提供行动步骤的选择，并帮助他们权衡采取行动与不采取行动的利弊。一旦进入行动阶段，具体的干预可能包括提供选择，并就如何运用意志力提供反馈。詹姆斯·O.普罗查斯卡和卡洛·C.迪克莱门特（2005）特别建议强化采取的积极行动、去条件化并采取多种形式评估并获得刺激控制。对于处于维持阶段的人来说，对可能导致回退到问题行为的诱发因素保持觉察特别有效。

尽管研究使用的阶段测量工具已经开发出来（Norcross et al.,2011），但在临床情境中，只需询问当事人是否认真打算在不久的将来（如在未来六个月内）解决他们的问题，就可以评估他们所处的改变阶段。如果答案是否定的，当事人就处于前意向阶段。如果回答是肯定的，考虑当事人已经有意向了。如果计划在一个月内就采取行动，则处于准备阶段。如果当事人正在改变自己的行为，则可以视为处于行动阶段。

> **罗谢勒对改变所做的准备**
>
> 罗谢勒被评估为处于改变的准备阶段。她考虑心理咨询已经有一段时间了，预约心理咨询对她来说是重要的一步。然而，也出现了她是否会继续接受咨询的担忧。基于她所处的改变阶段，考虑的干预措施包括通过强调咨询方案之间的选择来建立自我效能，通过提供已知有效的干预来建立希望和重塑信心，开始讨论短期和长期目标，表达共情和建立咨询同盟。
>
> 综上所述，评估咨询设定点是制定咨询方案的第一步。我们已经讨论了四个要素，分别是：
>
> - 当事人的抗拒；
> - 当事人的偏好；
> - 当事人的文化、宗教和精神性因素；
> - 当事人为改变所做的准备。
>
> 每一个因素都与咨询效果有关，考虑这些因素使咨询师能有效地与当事人合作，设计咨询方案的下一步——确定咨询目标。

确定咨询目标

和问题一样，目标提供了方向、焦点和导向。在有时快速变化的咨询情境中，目标就像是"北极星"，帮助评估治疗是否正在取得进展。目标可以分为结果目标和过程目标两大类（Nezu, Nezu, & Cos, 2007; Persons, 2008）。在短期和长期框架下都可以考虑这两类目标。

结果目标是最终状态。在短期框架下，即前 2~4 次咨询会谈，结果目标是取得里程碑式的成就。短期结果目标可能包括共同商定一系列要解决的问题，建立咨询协议来管理咨询进程及咨询方案，建立积极的咨询工作同盟，向当事人灌输咨询成功的希望以及实现初步的症状缓解。长期结果目标是治疗的最终状态。问题清单是潜在结果目标的主要来源。常见的结果目标是不再出现问题清单上确定的指征、症状和问题。

过程目标是实现结果目标的步骤和活动。短期过程目标可能包括认真倾听，共情当事人并让当事人有被理解的感觉，解决阻碍参与咨询中的潜在障碍，收集历史信息，生成问题清单，并生成个案概念化。从长期来看，如果结果目标是不再抑郁，过程目标可能包括：

- 行为激活；
- 开始一项锻炼计划；
- 练习放松技巧；
- 了解最初的想法是如何触发抑郁情绪和抑郁想法的；

- 当事人描述自己的内在对话时，可以更好地觉察并控制自己内心的"恶性对话"；
- 识别并最小化导致回避焦虑唤起情境而不是掌控这些情境的安全行为。

针对特定疾病的治疗手册可以作为过程目标的有用来源。由于过程目标与咨询干预和技术密切相关，我们将在下一节"实现结果目标的干预方案"中具体讨论。

目标的品质存在差异。通常，一个好的目标就是一个SMART目标。这个缩写词代表的是具体的（specific）、可测量的（measurable）、可实现的（achievable）、现实的（realistic）和有时限的（timely）目标。

具体目标是指那些足够明确、可以被识别和衡量的目标，如能够在开会时不发生恐慌发作、每天至少与一个人说话、识别自己何时感到愤怒但可以保持冷静而不是对他人发火等。不具体的目标则包括更好地理解自己、让自己感觉更好或和他人更好地相处、更多的爱或成为一个好的家长。这些都是值得称赞的目标，但它们太宽泛了，以至于很难知道它们何时实现以及在多大程度上算实现了。

一个可测量的目标可以帮助咨询师和当事人追踪进展，并在需要时做出调整。在考虑可衡量的目标时，尽可能纳入非随意性目标衡量标准（Blanton & Jaccard, 2006）。这些目标是客观且可观测的，因此不完全依赖于当事人对认知或情绪状态的自我报告，并且明显与功能的改善有关。非随意性措施的例子有在治疗神经性厌食症时增加身体质量指数（BMI）、在治疗肥胖时减轻体重、找到工作、开始一段关系、每天与约定好的人数开启一段对话、每周锻炼三到五次，以及保持良好的睡眠卫生。随意性目标也有用，但不如非随意目标有用。例如，将当事人贝克抑郁量表（A. T. Beck, Ward, Mendelson, Mock, & Erbaugh, 1961）的得分降至12或更低，或者自我报告对咨询效果的满意感。

可实现的目标是指有可能达成的目标。一个当事人可能有能力创业或取得大学学位，而对另一个当事人来说，这些可能是不可能实现的。

现实性目标不仅是可以实现的，而且是合理的，并且在当事人当前生活条件的限制下仍可能成功。例如，成为一名艺术家可能是可以实现的，但如果这个人需要为他们的家庭提供收入，这可能就不现实了。

最后，目标应该是有时限的。这意味着它是一个可以在合理的时间内实现的目标。如果目标没有时限，那就不可能确定自己是否在朝着目标前进。

虽然我们应该关注SMART目标，但有些目标很难在SMART的范围内框定，却依然值得追求。达到一个特定的目标可能需要比咨询时间更长的努力。一些当事人可能希望能够在未来回顾他们的一生时，觉得他们对社会做出了贡献，他们让世界变得更美好。还有一些当事人可能希望自己拥有美好的生活，无论美好生活是如何定义的。咨询师应该意识到当事人提供的一些目标是理想化的或"远大的"目标，虽然不符合SMART目标的具体标准，但仍然能激励、鼓舞和激发当事人。无论这些目标是否符合

SMART标准，咨询师都不应压制这些目标。这类目标可以通过确定优先级和讨论可能实现"宏大"目标的过程目标来实现。

有时并不是当事人有宏大的目标，而是咨询师提出一个看似SMART的目标，但当事人可能认为它遥不可及。这些目标可能与本杰明（2003）所描述的"绿色/成长"动机相一致；也就是说，那些以心理健康和成长为导向的动机，比如对自我的肯定、信任、接纳、希望、养育、爱和同情等。有一位当事人在童年时遭受过严重的虐待，以至于他无法想象与某人相识、相爱、结婚并拥有传统幸福家庭生活的可能性，尽管他一直渴望这些。他形成了本杰明所说的"红色/危险"动机倾向，这种动机是退行性的，并且因为要忠于一个自己深爱但有虐待倾向的照顾者而限制了成长。危险行为包括隔绝他人、生闷气、攻击、憎恨、封闭和忽视自己。对我的当事人而言，这意味着放弃找到真爱的可能性，滋生怨恨，试图只靠事业来满足自己，过着社会边缘化的生活。咨询工作的一部分是帮助他在成长的和危险的人生目标之间做出选择，并鼓励他考虑寻找在当时看来似乎不可思议的东西。

在讨论目标时，可以简单地问"你想在咨询中获得什么""你的咨询目标是什么"或"在咨询结束时，你希望你的生活有什么不同"。要明白，尽管咨询师尽了最大的努力与当事人进行合作，但有些当事人还是很难确定咨询目标。有自我认同问题的当事人特别容易在目标确认上遇到困难。在这些情况下，确定目标可以成为建立自我认同过程的一部分；咨询的目标可以是确定目标，并鼓励当事人考虑这些目标。

罗谢勒的结果目标

我们与罗谢勒商定了三个主要的结果目标：首先是提高她的情绪稳定性和自我控制能力；其次是缓解抑郁和焦虑；最后是提高问题解决和人际交往技能。和她讨论的其他目标则是为了让她考虑就业或继续深造，以获得更多的经济和人际独立性，并恰当地面对和应对其丈夫的药物滥用和可能的不忠。这些目标将通过下列途径衡量：

- 进程监测量表上自我报告的症状减轻情况；
- 在治疗过程外哭泣的次数减少；
- 愤怒管理能力改善；
- 消除了对财产的损害；
- 表明她在与丈夫的关系中更适当地坚持自己主张的证据；
- 解决因嫂子决定搬出去而导致的财务问题；
- 遵守情绪稳定的药物治疗。

咨询师也注意到可能的自杀意念，并准备好在必要时采取适当的预防措施。在下一节，我将介绍为实现这些结果目标而设计的过程目标。

制订干预计划以实现结果目标

过程目标可以被认为是实现结果目标的垫脚石，它们是制定的干预方案所预期的各个端点。如果实现，应能促成结果目标的达成。过程目标可以按从短期到中期的大致顺序排列。

大多数咨询方案包括针对当前当事人的短期过程目标。例如：

- 建立一个牢固的工作同盟；
- 在有需要时，评估危险信号并在必要时采取行动，如对自己或他人的忽视或危险；
- 就咨询框架达成一致（Langs, 1998），如咨询费用、咨询次数、咨询频率以及当事人和咨询师各自的角色；
- 考虑咨询的设定点，并对结果目标进行初步讨论和达成一致意见。

在确定过程目标的顺序时，考虑成功的咨询干预通常遵循的过程是有用的，如第4章所讨论的（Howard, Lueger, Maling, & Martinovich, 1993; Lambert, 2007）。也就是说，开始时以鼓励重新振作和重拾希望以减轻痛苦为目标；然后是那些即刻的症状缓解目标；最后是模式的改变，体现在社会角色功能改善、人际功能改善、自我概念改善或是整体的适应性和幸福感提高。

一旦列出过程目标，就要制订干预计划来实现它们。有一种方法是提取解释性假设的成分，然后提出解决它们的过程目标。例如，如果假设是当事人对即将到来的婚礼的担心和焦虑反映出他担心未婚妻会像自己的母亲对待自己的父亲那样对待他，那么可以设置过程目标来处理这种动力。同样地，如果假设当事人是一个理智型的人，那么鼓励他采取更多情感表达步骤是合适的。在这个过程中，你要确保你的干预方案与解释性假设是一致的。

对于如何选择干预方案，有许多参考资料，本书没有办法全面地描述这些内容。推荐的参考资料包括第7章提到的咨询理论、治疗手册的成分、实证支持的干预方法、精神病理学研究以及实证支持的技术目录（O'donohue & Fisher, 2009）和人际历程（Norcross, 2011）。

罗谢勒的过程目标和实现它们的干预措施

罗谢勒的第一个过程目标就是：

- 考虑设定值问题，以建立一个牢固的工作同盟；
- 讨论自杀风险，包括如果她有更强烈的自杀倾向时的行动计划；
- 描述干预措施以及她和咨询师各自的角色期待；
- 让她在开始阶段能够每周来咨询。

在考虑解释性假设的具体成分，特别是愿望－恐惧－妥协的解释性框架后，咨询方案如下：

- 通过探索对现任和前任丈夫以及主要照顾者的需要、愿望和恐惧来解决依赖冲突；
- 通过命名、探索替代方案、检查具体的事件等方式解决分裂这一防御问题；
- 通过探究付诸行动的事件、研究替代方案来提高情绪自我调节能力；
- 讨论内疚感以及宽恕和同情对自我的作用；
- 检查上述因素是如何对焦虑、抑郁、身体状态和自我概念产生影响的。

从功能分析解释框架的角度来看，我们制定的方案是：

- 通过对愤怒发作事件的功能分析，增加对抑郁诱因和愤怒发作的理解；
- 开发增强自我主张的工具。

其他过程目标包括：

- 增加社会联结感；
- 通过改善糖尿病管理来提高自我照护水平；
- 识别和评估不适应的自动化思维；
- 通过逐步暴露于恐惧情境来降低对恐惧相关刺激的敏感性。

治疗计划的其他方面包括：

- 教授《辩证行为治疗手册》（Linehan, 1993）中痛苦耐受技巧；
- 使用认知治疗技术来识别、评估和挑战自动化思维以及认为自己毫无价值、认为世界残酷、认为未来无望的图式；
- 教授行为激活和如何制定行动日程；
- 建立对抑郁、社会孤立、行为控制障碍和缺乏人际强化等问题的应对和自我管理。

关于制定咨询方案的建议

第一，要与当事人讨论并协同制定咨询方案，要定期回顾过程目标和结果目标的完成情况，使用进程监测措施作为讨论的基础之一。

第二，在制订咨询计划尤其是设计目标时，要注意最大化者和满足者（Simon, 1956）。最大化者会不顾可能性或是需要花费的时间，一味想要最优结果。他们想要完美的伴侣、完美的工作，或者完美的大学，等等。他们的目标是实现自己的最高理想，不实现就不满足。然而，正如巴里·施瓦茨（Barry Schwartz）所观察到的（2004），如果把这种想法推向极端，就会导致生活不幸福。**满足者**是现实的，他们会把诸如运气不好、没有天才智商、没有模特的长相或没有职业运动员、歌手、音乐家或演员的天赋等这些约束和局限考虑进去，但他们仍然可以获得满足感。只要有一个足够好的结果，他们就会感到满足。当遇到一个最大化者时，要尊重当事人驱动力背后的价值观，但也要适时探索在这些驱动力背后的动机和需求以及当事人的选择风格所带来的成本和收益。

第三，不要低估设定目标的力量。目标能激发希望，并提供一个未来自我的愿景，这对于接受咨询前的当事人来说可能是不可想象的。

第四，咨询方案应直接从解释性假设中推导出来，并且和假设有逻辑关联。如果你发现自己制定的干预措施与解释性假设不符，要么调整干预措施，要么修改你的假设。

小结

咨询方案这一章包括了三个基本步骤：评估咨询的设定点，确定咨询目标以及选择并组织干预措施来实现这些目标。咨询计划是循证整合性个案概念化模型的最后一步。至此，你应该拥有了一份完整的个案概念化报告，包括一份全面的问题清单、诊断结果、一个能够对问题和诊断提供解释的循证的解释性假设以及有实证基础的咨询方案。第9章将阐述可以采取哪些步骤来确保自己构建了一个高质量和有用的个案概念化。

第 9 章

评估个案概念化质量

当一个个案概念化完成之后,再来对其进行评估仍然是有用的。制定概念化,对其进行反思,然后加以修改,这通常会完善它,并且有助于识别你可能忽略的信息类别,或者那些你可能未曾想到过的、可以以新方式相互关联起来的信息类别。本章介绍了一个评估个案概念化质量的量表。该量表基于一个旨在理解个案概念化过程的研究项目(Eells, 2008; Eells & Lombart, 2003; Eells et al., 2005, 2011)。为了描述清楚这个量表的设置背景,这一章先介绍了这个研究项目。在回顾了这个研究项目并描述了该量表之后,本章最后给出一份清单,可以将其作为个案概念化过程的一部分来加以考虑。

关于个案概念化质量的研究

想象一下,你在一场个案概念化比赛中。在 2 分钟的时间里,你聆听一段个案概要,内容涵盖了当事人的身份、主诉问题、既往心理健康史、成长史、社交史和精神状态。随后,你有 5 分钟的时间来进行个案解析，再用 2 分钟来制定治疗方案。紧接着，另一个案例被呈现，然后是下一个、再下一个……直到将近一个小时过去了，你已经对六个案例完成解析并制订了治疗计划。这项高强度的任务由专家级的、经验丰富者和新手级认知行为和心理动力学个案概念化者共同完成（Eells et al., 2005）。一位经验丰富的参与者将其称为"地狱般的口头执业考试"。我们的目的是探究：专家们是否比其他人更擅长个案概念化？如果是，他们的表述又有何不同？

在报告结果前，我想先描述一项更早期的研究。该研究提出了一个更基础的问题："当咨询师制定一个个案概念化时，他们实际做了什么？"为了回答这个问题，我们分析了某大学精神病学门诊咨询师的书面接诊评估记录（Eells, Kendjelic & Lucas, 1998）。我们随机抽取了 50 多份初诊评估报告，撰写者包括资深精神科住院医师（9 人）、执业临床社会工作者（4 人）和一名精神科护士。我们制定了一套内容编码手册对其记录进行分类，手册包括描述性信息、诊断、推论性信息和治疗计划。在描述性信息中，我们编码了人口统计数据、主诉和症状、既往心理健康和医疗问题史，以及任何社会或发展历史，或任何其他被提及的传记信息。对于推论性信息，我们编码了任何对症状和问题的解释，包括心理动力学、认知行为、社会角色或文化因素的解释，编码类别涵盖诱发压力源、优势资源、干预治疗事件和整体功能水平。治疗计划守则包括治疗的模式和理论取向、进一步评估的建议、具体技术的推荐，以及治疗焦点议题。最后，我们评估了咨询师如何发展和阐述了个案概念化中表达的观点。编码员之间对内容分类达成高度一致性，确保了研究结果的可靠性。

我们的发现令人意外。咨询师们并未针对当事人正在经历的问题进行假设，而是主要总结了他们在接受评估时提供的社会心理信息。大多数人列出了症状和问题，不到四分之一的人提到任何可能导致这些症状的应激源或易感的生活事件。同样，很少有人用心理学、生物学或社会文化机制来解释问题或症状。即使提供了解释机制，也很少有人提及它与症状、问题、诱发压力源或其他诱发生活事件的关联。

由于这是一项回顾性病例历史审查研究，我们假设这些书面表述反映的是这些咨询师的常规工作工作，而非其最佳表现。研究结果可能不能推广到其他咨询师群体，因为数据仅来自单一诊所。然而，我们的发现与其他研究高度一致：谢尔登·佩里（Sheldon Perry）、阿诺德·M. 库珀（Arnold M. Cooper）和罗伯特·米歇尔斯（Robert Michels）的早期研究（1987）指出，心理动力学个案概念化是一种定义模糊的技能，咨询师既未接受系统训练，也缺乏规律实践；威廉·库伊肯等（2005）分析了 115 名心理健康从业者的认知行为个案概念化，认为其中不足半数"勉强合格"；塔玛拉·麦克莱恩（Tamara McClain）等（2004）发现，四所机构的精神科住院医师在生物心理社会模型的个案概念化能力上存在显著缺陷。基于这些证据，研究团队得出结论：咨询师亟须通过系统性训练提升个案概念化技能，而此类支持将受到广泛重视。

为此，我们着手探索咨询师在最佳状态时是否具有不同的个案概念化能力（Eells et al., 2005），这也是本章开篇所描述的研究。

心理咨询的个案概念化

一个迫在眉睫的挑战是如何定义个案概念化的专业性并筛选专家。与象棋大师这类可通过胜率明确界定的领域不同（de Groot, 1965），心理咨询的个案概念化缺乏类似的量化标准。我们定义了严格的专业标准筛选参与者。首先，我们寻找经验丰富的咨询师，我们将其定义为那些从事心理咨询至少10年的人。我们把该研究局限于临床心理学家或精神病学家，专攻认知行为或精神动力心理咨询，因为这些是常见的治疗方式。其次，由于我们寻求的是在个案概念化方面得到认可的国内公认的专家，他们必须：（1）开发过一种具体的个案概念化方法；（2）主持过有关个案概念化的专业工作坊；（3）发表过关于个案概念化的科学文章或书籍章节。为了进行比较，我们还寻找了一些新手或初学咨询师，我们将他们定义为那些从事心理咨询的时间少于1500小时，自认为认知行为或心理动力学取向。他们大多数是临床或咨询心理学专业的三年级研究生。最后，我们寻找了从业超过10年但未达到专家标准的咨询师，作为中间参照群体。

由于我们感兴趣的是将个案概念化作为一种通用技能，而不是针对某一特定心理障碍的特定技能，因此我们开发了六个案例小故事，涵盖焦虑障碍、抑郁障碍和人格障碍三类心理障碍。这些案例要么是具有高度符合特定障碍的教科书式特征的典型性案例，要么是症状表现不典型（如混杂特征）的非典型性案例。如本章开篇所述，实验任务对咨询师的要求很高。我们录制咨询师的个案概念化和治疗计划，转写为文字，再将表述内容拆分为独立的意义单元，根据预设标准对它们进行评级和编码。其中，质量指标为全面性、详尽性、语言的精确性、复杂性、连贯性、概念化方案的详尽性以及概念化与治疗计划的拟合度、证据、咨询师遵循一致和系统的过程中发展每个小插曲与总结分数。内容指标则沿用早期研究的分类框架（如描述性信息、推断性机制等）。

我们发现了什么？正如预期的那样，专家的概念化质量显著高于有经验组和新手组，具体体现在以下几个方面。

一是更全面，覆盖更多核心领域。具体包括：

- 整体心理、社会或职业功能问题；
- 推断出的症状或问题；
- 作为解释的诱发经历、事件、创伤或压力源；
- 诱因或当前的压力源/事件；
- 推断的心理机制（包括自我的问题方面或特征、与他人关系的问题方面、功能失调的思维和/核心信念、情绪调节异常、防御机制/不良应对方式、技能或社会学习缺陷）；
- 推断的生物学机制；
- 推断的社会或文化机制（如社会心理支持缺失、人口/文化因素导致的问题、角色冲突/压力/转变/争议等）；
- 整体功能的优势（如适应技能、自我的积极特质、对他人的积极认知、治疗动机、适应性愿望/目标、良好社会心理支持等）；
- 潜在治疗干扰事件的识别。

二是更详细。一旦提出解释性假设，专家会进一步展开论述，而非停留在表面。

三是更复杂。他们将个体问题的多个维度整合为有意义的整体表述。例如，将童年创伤与当前人际关系模式进行动态关联。

四是更系统。就好像这些咨询师有一个预设的信息组织框架，并在每个个案中都遵循这一框架。一位认知行为专家通过考虑当事人的自我概念开始，然后是他人的概念，接着是世界的概念，来对每个个案进行概念化。心理动力学专家总是从问题开始，然后讨论精神状态，接着谈到自我、他人和人际关系的概念，以及它们如何反映愿望、恐惧和妥协，最后分析应对机制。

五是治疗计划更连贯。专家的治疗计划与案例解释逻辑严密衔接，针对表述中提出的核心问题设计干预策略（如通过认知重构解决功能失调信念等问题）。

在进一步分析专家概念化的内容时（Eells et al., 2011），我们发现了更多的显著差异。首先，他们的思路要更丰富。专家不仅更全面地覆盖案例小故事中提到的症状，还以现有信息为基础，推断其他潜在症状或问题。例如，若案例提及家庭中的人际矛盾，专家会进一步推测工作或学校环境中是否存在类似问题。其次，维度更全面。专家的概念化也包含了更多关于诊断、问题解释和治疗的想法，他们更可能考虑整体适应性功能、症状的诱因、生物机制、社会文化影响、优势和潜在的治疗干扰事件。最后，信息敏锐度更高。专家更频繁地要求补充背景信息或评估数据，表现出对信息缺口的警觉性。例如，他们会追问患者的家族病史或近期生活变动等细节。特别是认知行为专家，他们尤其倾向于进一步的评估，明确治疗协议与期望，聚焦症状缓解。综上所述，专家与经验不足咨询师的个案概念化在质量和内容上存在较大差异。

在确认专家的个案概念化质量更优之后，我们进一步追问："专家如何通过推理来构建个案概念化？"我们特别感兴趣的是，专家是否依赖先验理论假设，还是完全基于案例信息？答案是两者兼用（Eells et al., 2011）。专家比普通咨询师更频繁结合归纳推理（从案例信息中提炼模式）与演绎推理（用理论框架解释现象），并且更有可能平衡系统 1 处理与系统 2 处理（参见第 2 章）。为了进一步理解高质量个案概念化的形成过程，我们使用了被评为质量最高的认知–行为和心理动力学概念化方法，并将它们与对应概念化的质量排名第 25 百分位的两种方法进行比较（Eells, 2010）。我们使用了最困难的一个小案例，这是一个典型边缘型人格障碍的当事人。我们的分析发现了高质量解析的特征：

- 不同流派专家高质量的表述（如认知行为与心理动力学）共性多于被评为低质量的同流派表述；
- 产生更好的概念化的咨询师紧密围绕描述性临床信息，避免过度推测，将事实与低层级推断交织；
- 这些咨询师同时使用了系统 1 和系统 2 的思维，他们倾向于提供一个推理的洞察力或建议一个模式或主题（系统 1），然后在描述性信息中检查该推理的证据（系统 2）；
- 他们会不断地反思案例材料，评估哪些地方需要更多的信息来得出结论，在有限信息中最大化地进行模式识别；
- 他们往往会指出一系列的问题，但随后又围绕核心问题深入展开。

相比之下，对照组的个案概念化的推理过程更为简略，对描述性信息的利用也更为有限。这些表述的逻辑清晰度较低，难以判断其中是否涉及系统1思维或系统2思维。有一位咨询师几乎没有提出解释性假设或问题清单，而是迅速转入对治疗方案的考虑。

在进行上述研究的过程中，我们开发了一套用于编码咨询师案例表述并量化评估其质量的标准化手册。然而，由于该手册需耗费大量时间进行细致编码且对评估者培训要求极高，其临床应用价值有限。为此，我们进一步优化设计出个案概念化质量量表（Case Formulation Quality Scale, CFQS），它将在下一节中介绍。在制定个案概念化质量量表的过程中，我们牢记了四个目标：

- 是为本书所述的、循证的综合案例概念化模型的工具；
- 区别于"专家级精通"，个案概念化质量量表旨在帮助咨询师达到"熟练完成任务"的基础能力水平，为其迈向精通提供阶梯；
- 是开发一种可以相对容易和快速地学习和应用的工具；
- 除咨询师自我评估外，个案概念化质量量表还可用于临床教学、执业考试评审及大规模研究（如跨机构个案概念化能力研究），以系统性提升行业标准。

个案概念化质量量表

如表9–1所示，个案概念化质量量表是围绕一般个案概念化模型的四个核心内容组成部分组织的：创建问题清单、诊断、生成解释性假设和制定咨询方案。主要重点放在解释性假设部分。

第 9 章 / 评估个案概念化质量

评分范围是 0~19 分。表 9–1 附有解读指南，对概念化表述做出全面的定性评价。由于表 9–1 具有很强的自解释性，因此下面仅对个案概念化质量量表的各模块进行简要说明。

表 9–1　　　　　　　　　　　个案概念化质量量表

1. **创建问题清单**：根据以下标准评估问题清单的开发情况
   - 若存在药物依赖、家庭暴力、虐待、自杀倾向或他杀倾向等问题，需明确标注
   - 涵盖与自我功能相关的问题，包括行为、认知、情感、情绪、生物学和/或存在性冲突
   - 涵盖解决社会/人际功能问题（如与配偶/亲密他人、家庭、教师/同学、同事、心理健康提供者之间的问题）、人际交往能力过度或不足、休闲/娱乐活动
   - 涉及社会功能问题，如法律、财政、就业不足、住房、噪声污染、交通、贫困、异文化压力
   - 明确治疗重点的优先级排序及理由
   - 确保不忽视案例材料中所提出的问题

> 问题清单评分：
> 0 = 问题清单缺失或构建不充分
> 1 = 存在问题清单但内容简略，缺乏细节
> 2 = 问题清单已中度阐释
> 3 = 问题清单阐释得良好
> 　　　　　　　　　　　　　　　　　　　　　　　　评分：_____

2. **诊断**：评估当事人的诊断情况，并考虑到以下因素
   - 这个诊断是否与这些问题一致
   - 是否符合所要求的标准
   - 是否考虑了所有潜在的诊断
   - 所有的诊断都需要适当的证据支持

> 诊断评分：
> 0 = 诊断缺失或依据不足
> 1 = 诊断目前存在，但论证简略
> 2 = 诊断较为详尽或完善
> 　　　　　　　　　　　　　　　　　　　　　　　　评分：_____

续前表

3. **生成解释性假设**：评估以下解释性假设的每个组成部分的构建质量
   3.1 **诱因**：考虑以下因素
   - 是否识别出与症状出现或心理状态转变相关的现象
   - 是否描述导致患者寻求治疗或本次发作／障碍发生的关键事件

   诱因评分：
   0 = 未识别诱发因素或识别不充分
   1 = 提及诱发因素但描述简略
   2 = 诱发因素阐释较为详尽或完善

   评分：_____

   3.2 **起源**：考虑以下因素
   - 是否同时考虑近期（如当前压力源）与远期（如童年经历、长期模式）的致病因素
   - 所述起源与问题间的联系是否基于证据、理论合理、逻辑可信且有充分支持

   起源评分标准：
   0 = 未识别起源或识别不充分
   1 = 识别起源但未深入阐述
   2 = 起源分析较为详尽或完善

   评分：_____

   3.3 **资源**
   - 是否需要识别并分析当事人的内部资源与外部资源
   - 所列资源是否可信、符合案例实际且有证据支持

   资源评分标准：
   0 = 未识别资源或识别不充分
   1 = 识别资源但未深入阐述
   2 = 资源分析较为详尽或完善

   评分：_____

   3.4 **阻碍**
   - 是否识别并分析当事人的内在阻碍与外在阻碍
   - 所列出的阻碍是否合理、可信和得到充分支持

续前表

| 阻碍评分标准：
0 = 未识别阻碍或识别不充分
1 = 识别阻碍但未深入阐述
2 = 阻碍分析较为详尽或完善

评分：_____ |

3.5 解释性假设

- 诊断、整体心理／社会／职业功能问题、症状／具体问题、易感经历、诱发／当前压力源、心理／生物／社会文化因素、心理／社会／职业功能优势、潜在治疗干扰事件等是否被充分纳入并整合为连贯整体
- 假设是否具备足够的复杂性、详尽性、逻辑连贯性，且有理论或证据支持

| 解释性假设：
0 = 未提出解释性假设或内容极不充分
1 = 提出假设但仅简单罗列要素
2 = 假设较为详尽
3 = 假设高度完善

评分：_____

解释性假设总分（3.1~3.5 各子项评分之和）

评分：_____ |

4. 制定咨询方案：评估咨询方案的制定情况，考虑以下情况
- 方案是否与当事人共同制定，并考虑其实际能力
- 是否纳入当事人的咨询基线，如心理抗拒程度、治疗偏好、文化因素、宗教因素、精神性因素、改变意愿等
- 是否明确过程性／结果性目标及短期／长期目标？目标是否符合 SMART 原则（具体的、可衡量的、可实现的、现实的和有时限的）？是否设定阶段性里程碑
- 是否规划针对目标的干预措施并明确实施顺序
- 方案是否具备足够细节以指导咨询行动
- 方案是否详细阐述和解释？它是否涵盖了咨询将解决的所有问题，并与个案概念化中的上述部分内容衔接逻辑连贯

续前表

咨询方案评分标准：
0 = 咨询方案缺失或内容极不充分
1 = 存在咨询方案但内容简略
2 = 咨询方案较为详尽
3 = 咨询方案高度完善

评分：_____

个案概念化质量量表**总结**：	
问题清单得分（0~3）：	
诊断得分（0~2）：	
解释性假设得分（0~11）：	
咨询方案得分（0~3）：	
总分：	

解释性指南（范围：0~19）：
0~16：概念化需进一步完善
17~19：概念化合格

创建问题清单

在评估问题清单时，首先应注意问题清单的全面性。应该特别关注潜在的"危险信号"问题（red flag issues），因为这些问题涉及可能危及当事人或其他人的情况。另一项是从清单中筛选并优先排序治疗需解决的问题。

诊断

诊断部分需简明扼要。尽管精神病学诊断的可靠性存在局限，但若在诊断前忽视诊断标准，只会加剧问题。在诊断时，既要谨慎考虑所有可能的诊断，同时也要注意尽可能通过诊断抓住当事人的问题。

生成解释性假设

正如在第 7 章所讨论的，解释性假设是解析的核心，因此个案概念化质量量表中该部分分值占比超过总分的一半。个案概念化质量量表将生成解释性假设的任务分解为多个组成部分，具体评估方法详见第 7 章及量表各项评分标准。

制定咨询方案

在评估咨询方案时，应注意以下几点（这些问题在表 9–1 中都有说明）：与个案概念化的所有方面一样，首要考虑的应该是与当事人的合作；合作在咨询方案中特别重要，因为没有合作，当事人对咨询建议的依从性肯定会受到影响。

个案概念化过程的评估清单

在本章的最后，我提供了一份包含 25 点内容的核对清单，供你在回顾个案概念化过程时参考。它是一种简写的方式，可以确保你已经掌握了本书中强调的要点。

你有没有考虑过……

1. 是否警惕可能影响推断的认知启发式（如可得性启发式、情感启发式、代表性启发式等）？
2. 是否考虑基准率效应（如障碍的群体发生率）？是否避免

过度自信导致误判？

3. 是否通过系统2思维（审慎分析）有效监控系统1思维（直觉）的潜在偏差？
4. 是否充分考虑当事人的文化因素、宗教因素、精神性因素及身份认同？
5. 是否分析文化因素、宗教因素如何塑造当事人对问题的描述？
6. 是否将文化因素融入概念化的其他部分？
7. 是否考虑文化差异对咨询同盟的潜在影响？

当创建一个问题清单时，你考虑过……

8. 一个全面的、涵盖所有可能的问题？
9. 是否合理筛选出治疗可干预的核心问题？

诊断时，你有没有考虑过……

10. 是否全面考量潜在诊断（如共病），同时避免过度诊断？

在生成解释性假设时，你考虑过……

11. 诱因、起源、资源和阻碍？
12. 素质和压力源？
13. 是否参考循证心理咨询理论及相关研究证据？
14. 生成解释性假设是否基于当事人实际经历与主观叙述？
15. 是否考虑其他可能的解释框架？为何当前框架更优？
16. 生成解释性假设是否能逻辑自洽地解释咨询需解决的核心问题？

在计划咨询时，你考虑过……

17. 与当事人合作制定咨询方案？
18. 考量当事人的心理抗拒水平、治疗偏好及改变意愿？
19. 治疗如何适应当事人的文化因素、宗教因素、精神性因素和身份认同？
20. SMART 目标以及短期和长期的目标？
21. 建立和维持积极咨询同盟的计划？
22. 是否采用或调整循证疗法以匹配目标问题？
23. 是否针对具体问题选择特定干预技术？
24. 是否合理安排干预步骤以提升效率？
25. 制定咨询方案从生成解释性假设到解决当事人问题的逻辑性如何？

结语

最后，我想简单地谈三点。

第一点，虽然这本书倡导临床实践的"循证"取向，但必须清醒认识到，当前实证知识的积累尚不足以完全解答第1章提出的核心问题——如何确知心理咨询中该做什么。事实上，我们很难想象科学知识能发展到仅凭证据即可指导所有临床决策的程度。正如菲利普·B.泽尔多（Philip B. Zeldow）极具说服力的论述所言（2009），治疗中关于"下一步该做什么"的抉择往往需要依靠当下的最佳临床判断。临床工作的本质是叙事性、解释性、主观性的，用诗人威廉·布莱克（William Blake）的话来说，它由"细微的细节"（minute particulars）构成。科学可以指导这一领域的部分行为，但绝非全部。正如我希望在书中的临床小故事中阐明的那样，在某些情况下，合理的临床判断加上共情的倾听以及常识和关怀的实践，是咨询师最好的指导。

第二点与本书的整体重点有关。本书虽倡导个案概念化与临床实践的整合取向，但需清醒认识到心理咨询理论的整合存在限度。正如斯坦利·B.梅瑟（1980，1986）和迈克尔·威诺库尔（Michael Winokur）指出的，心理动力学与认知行为疗法两大流派在基本假设与世界观层面存在不可调和的分歧。心理动力学的世界观将人生视为充满矛盾的探索之旅，接纳痛苦与不确定性的必然性，强调潜意识的复杂动力。而认知行为的世界观秉持实用主义与经济性原则，追求明确可测的干预结果，对改变持更乐观的态度。尽管近年来出现更多整合尝试，但这种深层范式差异意味着真正的理论融合可能需要付出丧失核心特质的代价。

第三点，本书无意穷尽个案概念化的所有维度或对当事人问题的全部解释可能。心理咨询领域始终处于动态发展中，新的研究成果与疗法不断涌现。希望本书提供的框架能帮助读者在整理和掌握该领域的最新信息的同时，也能坚持那些经过时间考验的研究成果。

参考文献

ABC News. (1993). Devilish deeds. *Primetime Live.* New York, NY: ABC News.

Abramson, L. Y., Metalsky, G. I., & Alloy, L. B. (1989). Hopelessness depression: A theory-based subtype of depression. *Psychological Review, 96*, 358–372. http://dx.doi.org/10.1037/0033-295X.96.2.358

Abramson, L. Y., Seligman, M. E., & Teasdale, J. D. (1978). Learned helplessness in humans: Critique and reformulation. *Journal of Abnormal Psychology, 87*, 49–74. http://dx.doi.org/10.1037/0021-843X.87.1.49

Achenbach, J. (1995, September 22). Pleased to meet all of you. *The Washington Post,* p. D5.

Adams, A. N., Adams, M. A., & Miltenberger, R. G. (2009). Habit reversal train- ing. In W. T. O'Donohue & J. E. Fisher (Eds.), *General principles and empiri- cally supported techniques of cognitive behavior therapy* (2nd ed., pp. 343–350). Hoboken, NJ: Wiley.

Adler, A. (1973). *The practice and theory of individual psychology.* Totowa, NJ: Littlefield, Adams.

American Board of Psychiatry & Neurology. (2009). *Psychiatry and neurology core competencies: Version 4.1* Retrieved from http://www.abpn.com/downloads/core_comp_outlines/core_psych_neuro_v4.1.pdf

American Psychiatric Association. (1980). *Diagnostic and statistical manual of mental disorders* (3rd ed.). Washington, DC: Author.

American Psychiatric Association. (2013a). *Desk reference to the diagnostic criteria from DSM–5.* Arlington, VA: Author.

American Psychiatric Association. (2013b). *Diagnostic and statistical manual of mental disorders* (5th ed.). Arlington, VA: Author.

Angelou, M. (1977). *Commencement address.* Retrieved from http://newsroom.ucr.edu/announcements/2009-10-24maya-angelou.html

Angst, J. (2009). Psychiatry NOS (not otherwise specified). [Editorial]. *Salud Mental,*

32(1), 1–2.

Antony, M. M., & Roemer, L. (2011). *Behavior therapy.* Washington, DC: Ameri- can Psychological Association.

APA Presidential Task Force on Evidence-Based Practice. (2006). Evidence-based practice in psychology. *American Psychologist, 61,* 271–285. http://dx.doi.org/10.1037/0003-066X.61.4.271

Arkes, H. R., Faust, D., Guilmette, T. J., & Hart, K. (1988). Eliminating the hindsight bias. *Journal of Applied Psychology, 73,* 305–307. http://dx.doi. org/10.1037/0021-9010.73.2.305

Baldwin, M. W. (1992). Relational schemas and the processing of social infor- mation. *Psychological Bulletin, 112,* 461–484. http://dx.doi.org/10.1037/ 0033-2909.112.3.461

Barber, J. P., Khalsa, S.-R., & Sharpless, B. A. (2010). The validity of the alliance as a predictor of psychotherapy outcome. In J. C. Muran & J. P. Barber (Eds.), *The therapeutic alliance: An evidence-based guide to practice* (pp. 29–43). New York, NY: Guilford Press.

Barkham, M., Margison, F., Leach, C., Lucock, M., Mellor-Clark, J., Evans, C., . . . McGrath, G. (2001). Service profiling and outcomes benchmarking using the CORE-OM: Toward practice-based evidence in the psychological therapies. *Journal of Consulting and Clinical Psychology, 69,* 184–196. http:// dx.doi.org/10.1037/0022-006X.69.2.184

Beck, A. T. (1963). Thinking and depression: I. Idiosyncratic content and cog- nitive distortions. *Archives of General Psychiatry, 9,* 324–333. http://dx.doi. org/10.1001/archpsyc.1963.01720160014002

Beck, A. T. (1964). Thinking and depression: II. Theory and therapy. *Archives of General Psychiatry, 10,* 561–571. http://dx.doi.org/10.1001/archpsyc.1964.01720240015003

Beck, A. T., Emery, G., & Greenberg, R. (1985). *Anxiety disorders and phobias: A cognitive perspective.* New York, NY: Basic Books.

Beck, A. T., Epstein, N., Brown, G., & Steer, R. A. (1988). An inventory for measur- ing clinical anxiety: Psychometric properties. *Journal of Consulting and Clini- cal Psychology, 56,* 893–897. http://dx.doi.org/10.1037/0022-006X.56.6.893

Beck, A. T., Freeman, A., & Davis, D. D. (2004). *Cognitive therapy of personality disorders* (2nd ed.). New York, NY: Guilford Press.

Beck, A. T., Rush, A. J., Shaw, B. F., & Emery, G. (1979). *Cognitive therapy of depression.* New York, NY: Guilford Press.

Beck, A. T., Ward, C. H., Mendelson, M., Mock, J., & Erbaugh, J. (1961). An inven- tory for measuring depression. *Archives of General Psychiatry, 4,* 561–571. http://

dx.doi.org/10.1001/archpsyc.1961.01710120031004

Beck, A. T., Wright, F. D., Newman, C. F., & Liese, B. S. (1993). *Cognitive therapy of substance abuse*. New York, NY: Guilford Press.

Beck, J. S. (1995). *Cognitive therapy: Basics and beyond*. New York, NY: Guilford Press.

Behar, E., & Borkovec, T. D. (2006). The nature and treatment of generalized anx- iety disorder. In B. O. Rothbaum (Ed.), *Pathological anxiety: Emotional processing in etiology and treatment* (pp. 181–196). New York, NY: Guilford Press.

Benish, S. G., Quintana, S., & Wampold, B. E. (2011). Culturally adapted psycho- therapy and the legitimacy of myth: A direct-comparison meta-analysis. *Journal of Counseling Psychology, 58*, 279–289. http://dx.doi.org/10.1037/ a0023626

Benjamin, L. S. (1993a). Every psychopathology is a gift of love. *Psychotherapy Research, 3*, 1–24. http://dx.doi.org/10.1080/10503309312331333629

Benjamin, L. S. (1993b). *Interpersonal diagnosis and treatment of personality dis- orders*. New York, NY: Guilford Press.

Benjamin, L. S. (1996a). *Interpersonal diagnosis and treatment of personality disorders* (2nd ed.). New York, NY: Guilford Press.

Benjamin, L. S. (1996b). The interviewing and treatment methods *Interpersonal diagnosis and treatment of personality disorders* (2nd ed., pp. 69–111). New York, NY: Guilford Press.

Benjamin, L. S. (2003). *Interpersonal reconstructive therapy: Promoting change in nonresponders*. New York, NY: Guilford Press.

Bennett, D., & Parry, G. (1998). The accuracy of reformulation in cognitive ana- lytic therapy: A validation study. *Psychotherapy Research, 8*, 84–103. http:// dx.doi.org/10.1080/10503309812331332217

Bergner, R. M. (1998). Characteristics of optimal clinical case formulations. The linchpin concept. *American Journal of Psychotherapy, 52*, 287–300.

Bernal, G., Jiménez-Chafey, M. I., & Domenech Rodríguez, M. M. (2009). Cul- tural adaptation of treatments: A resource for considering culture in evidence- based practice. *Professional Psychology: Research and Practice, 40*, 361–368. http://dx.doi.org/10.1037/a0016401

Berntson, G., & Cacioppo, J. T. (2007). Integrative physiology: Homeostasis, allo- stasis, and the orchestration of systemic physiology. In J. T. Cacioppo, L. G. Tassinary, & G. Berntson (Eds.), *Handbook of psychophysiology* (pp. 433–452). New York, NY: Cambridge University Press. http://dx.doi.org/10.1017/CBO9780511546396.019

Betancourt, H., & López, S. R. (1993). The study of culture, ethnicity, and race in American psychology. *American Psychologist, 48*, 629–637. http://dx.doi.

org/10.1037/0003-066X.48.6.629

Beutler, L. E., Harwood, T. M., Michelson, A., Song, X., & Holman, J. (2011). Reactance/resistance level. In J. C. Norcross (Ed.), *Psychotherapy relationships that work: Evidence-based responsiveness* (2nd ed., pp. 261–278). New York, NY: Oxford University Press. http://dx.doi.org/10.1093/acprof:oso/9780199737208.003.0013

Beutler, L. E., & Malik, M. L. (Eds.). (2002). *Rethinking the* DSM: *A psychological perspective.* Washington, DC: American Psychological Association.

Bieling, P. J., & Kuyken, W. (2003). Is cognitive case formulation science or sci- ence fiction? *Clinical Psychology: Science and Practice, 10,* 52–69. http://dx.doi.org/10.1093/clipsy.10.1.52

Binder, J. L. (1993). Is it time to improve psychotherapy training? *Clinical Psychol- ogy Review, 13,* 301–318. http://dx.doi.org/10.1016/0272-7358(93)90015-E

Binder, J. L. (2004). *Key competencies in brief dynamic psychotherapy: Clinical practice beyond the manual.* New York, NY: Guilford Press.

Blanton, H., & Jaccard, J. (2006). Arbitrary metrics in psychology. *American Psychologist, 61,* 27–41. http://dx.doi.org/10.1037/0003-066X.61.1.27

Blashfi ld, R. K., & Burgess, D. R. (2007). Classifi ion provides an essential basis for organizing mental disorders. In S. O. Lilienfeld & W. T. O'Donohue (Eds.), *The great ideas of clinical science: 17 principles that every mental health professional should understand* (pp. 93–117). New York, NY: Routledge/Taylor & Francis.

Bohart, A. C., & Tallman, K. (1999). *How clients make therapy work: The process of active self-healing.* Washington, DC: American Psychological Association. http://dx.doi.org/10.1037/10323-000

Bohart, A. C., & Tallman, K. (2010). Clients: The neglected common factor in psychotherapy. In B. L. Duncan, S. D. Miller, B. E. Wampold, & M. A. Hubble (Eds.), *The heart and soul of change: Delivering what works in therapy* (2nd ed., pp. 83–111). Washington, DC: American Psychological Association. http:// dx.doi.org/10.1037/12075-003

Bohart, A. C., & Wade, A. G. (2013). The client in psychotherapy. In M. J. Lambert (Ed.), *Bergin and Garfield's Handbook of Psychotherapy and Behavior Change* (6th ed., pp. 219–257). New York, NY: Wiley.

Bonanno, G. A. (2004). Loss, trauma, and human resilience: Have we underestimated the human capacity to thrive after extremely aversive events? *American Psychologist, 59,* 20–28. http://dx.doi.org/10.1037/0003-066X.59.1.20

Bonanno, G. A., & Singer, J. L. (1990). Repressive personality style: Theoretical and methodological implications for health and pathology. In J. L. Singer (Ed.), *Repression and dissociation: Implications for personality theory, psycho-*

pathology, and health (pp. 435–470). Chicago, IL: University of Chicago Press.

Bordin, E. S. (1979). The generalizability of the psychoanalytic concept of the working alliance. *Psychotherapy: Theory, Research & Practice, 16*, 252–260. http://dx.doi.org/10.1037/h0085885

Bouton, M. E. (2002). Context, ambiguity, and unlearning: Sources of relapse after behavioral extinction. *Biological Psychiatry, 52*, 976–986. http://dx.doi.org/10.1016/S0006-3223(02)01546-9

Bowlby, J. (1969). *Attachment and loss: Vol. 1. Attachment*. New York, NY: Basic Books.

Bowlby, J. (1979). *The making and breaking of affectional bonds*. London, England: Tavistock.

Brehm, S. S., & Brehm, J. W. (1981). *Psychological reactance: A theory of freedom and control*. New York, NY: Wiley.

Bretherton, I., & Munholland, K. A. (2008). Internal working models in attach- ment relationships: Elaborating a central construct in attachment theory. In J. Cassidy & P. R. Shaver (Eds.), *Handbook of attachment: Theory, research, and clinical applications* (2nd ed., pp. 102–127). New York, NY: Guilford Press.

Brown, G. W., & Harris, T. O. (1978). *Social origins of depression: A study of psychiatric disorder in women*. New York, NY: Free Press.

Bruner, J. S. (1990). *Acts of meaning*. Cambridge, MA: Harvard University Press.

Bruner, J. S., Goodnow, J. J., & Austin, G. A. (1956). *A study of thinking*. Oxford, England: John Wiley & Sons.

Burton, R. (2001). *The anatomy of melancholy*. New York, NY: *New York Review of Books* Classics. (Original work published 1621)

Cannon, W. B. (1932). *The wisdom of the body*. New York, NY: Norton.

Caplan, P. J. (1995). *They say you're crazy: How the world's most powerful psychiatrists decide who's normal*. Cambridge, MA: Da Capo Press.

Caspar, F. (1995). *Plan analysis: Toward optimizing psychotherapy*. Seattle, WA: Hogrefe & Huber.

Caspar, F. (1997). What goes on in a psychotherapist's mind? *Psychotherapy Research, 7*, 105–125. http://dx.doi.org/10.1080/10503309712331331913

Caspar, F. (2007). Plan analysis. In T. D. Eells (Ed.), *Handbook of psychotherapy case formulation* (2nd ed., pp. 251–289). New York, NY: Guilford Press.

Caspar, F., Berger, T., & Hautle, I. (2004). The right view of your patient: A computer-assisted, individualized module for psychotherapy training. *Psycho- therapy: Theory, Research & Practice, 41*, 125–135. http://dx.doi.org/10.1037/ 0033-3204.41.2.125

Caston, J. (1993). Can analysts agree? The problems of consensus and the psychoanalytic mannequin: I. A proposed solution. *Journal of the American Psychoanalytic Association, 41,* 493–511. http://dx.doi.org/10.1177/000306519304100208

Caston, J., & Martin, E. (1993). Can analysts agree? The problems of consensus and the psychoanalytic mannequin: II. Empirical tests. *Journal of the American Psychoanalytic Association, 41,* 513–548. http://dx.doi.org/10.1177/000306519304100209

Castonguay, L. G., & Beutler, L. E. (Eds.). (2006). *Principles of therapeutic change that work.* New York, NY: Oxford University Press.

Charman, D. P. (2004). Effective psychotherapy and effective psychotherapists. In D. P. Charman (Ed.), *Core processes in brief psychodynamic psychotherapy* (pp. 3–22). Mahwah, NJ: Erlbaum.

Chentsova-Dutton, Y. E., & Tsai, J. L. (2007). Cultural factors influence the expression of psychopathology. In S. O. Lilienfeld & W. T. O'Donohue (Eds.), *The great ideas of clinical science: 17 principles that every mental health professional should understand* (pp. 375–396). New York, NY: Routledge/Taylor & Francis.

Chi, M. T. H. (2006). Two approaches to the study of experts' characteristics. In K. A. Ericsson, N. Charness, P. J. Feltovich, & R. R. Hoffman (Eds.), *The Cambridge handbook of expertise and expert performance* (pp. 21–30). New York, NY: Cambridge University Press. http://dx.doi.org/10.1017/CBO9780511816796.002

Chi, M. T. H., Glaser, R., & Farr, M. J. (Eds.). (1988). *The nature of expertise.* Hillsdale, NJ: Erlbaum.

Chomsky, N. (1959). A review of B. F. Skinner's Verbal Behavior. *Language, 35,* 26–58.

Clark, D. M., & Wells, A. (1995). A cognitive model of social phobia. In R. G. Heimberg & M. R. Liebowitz (Eds.), *Social phobia: Diagnosis, assessment, and treatment* (pp. 69–93). New York, NY: Guilford Press.

CNN. (1993). Repressed memories stir difficult controversy. *News.* Washington, DC: Author.

Cook, J. M., Biyanova, T., Elhai, J., Schnurr, P. P., & Coyne, J. C. (2010). What do psychotherapists really do in practice? An Internet study of over 2,000 practitioners. *Psychotherapy: Theory, Research & Practice, 47,* 260–267. http://dx.doi.org/10.1037/a0019788

Cosgrove, L., & Krimsky, S. (2012). A comparison of *DSM–IV* and *DSM–5* panel members' financial associations with industry: A pernicious problem persists. *PLoS Medicine, 9,* e1001190. http://dx.doi.org/10.1371/journal.pmed.1001190

Croskerry, P., & Norman, G. (2008). Overconfidence in clinical decision mak- ing. *The American Journal of Medicine, 121*(Suppl. 5), S24–S29. http://dx.doi.org/10.1016/j.amjmed.2008.02.001

Curtis, J. T., & Silberschatz, G. (2007). Plan formulation method. In T. D. Eells (Ed.),

Handbook of psychotherapy case formulation (2nd ed., pp. 198–220). New York, NY: Guilford Press.

Davison, G. C., & Neale, J. M. (2001). *Abnormal psychology* (8th ed.). New York, NY: Wiley.

de Groot, A. (1965). *Thought and choice in chess.* New York, NY: Norton.

DeNeve, K. M., & Cooper, H. (1998). The happy personality: A meta-analysis of 137 personality traits and subjective well-being. *Psychological Bulletin, 124,* 197–229. http://dx.doi.org/10.1037/0033-2909.124.2.197

Derogatis, L. R. (1983). *SCL-90-R Administration, scoring, and procedures manual II* (2nd ed.). Towson, MD: Clinical Psychometric Research.

Division of Clinical Psychology. (2001). *The core purpose and philosophy of the profession.* Leicester, England: The British Psychological Society.

Dowd, E. T., Milne, C. R., & Wise, S. L. (1991). The Therapeutic Reactance Scale: A measure of psychological reactance. *Journal of Counseling & Development, 69,* 541–545. http://dx.doi.org/10.1002/j.1556-6676.1991.tb02638.x

Dowd, E. T., & Wallbrown, F. (1993). Motivational components of client reac- tance. *Journal of Counseling & Development, 71,* 533–538. http://dx.doi.org/ 10.1002/j.1556-6676.1993.tb02237.x

Dowd, E. T., Wallbrown, F., Sanders, D., & Yesenosky, J. M. (1994). Psychologi- cal reactance and its relationship to normal personality variables. *Cognitive Therapy and Research, 18,* 601–612. http://dx.doi.org/10.1007/BF02355671

Dozier, M., Stovall-McClough, K. C., & Albus, K. E. (2008). Attachment and psy- chopathology in adulthood. In J. Cassidy & P. R. Shaver (Eds.), *Handbook of attachment: Theory, research, and clinical applications* (2nd ed., pp. 718–744). New York, NY: Guilford Press.

Draguns, J. G. (1997). Abnormal behavior patterns across cultures: Implications for counseling and psychotherapy. *International Journal of Intercultural Rela- tions, 21,* 213–248. http://dx.doi.org/10.1016/S0147-1767(96)00046-6

Draguns, J. G. (2008). What have we learned about the interplay of culture with counseling and psychotherapy? In U. P. Gielen, J. G. Draguns, & J. M. Fish (Eds.), *Principles of multicultural counseling and therapy* (pp. 393–417). New York, NY: Routledge/Taylor & Francis.

Duckworth, M. P. (2009). Cultural awareness and culturally competent practice. In W. O'Donohue & J. E. Fisher (Eds.), *General principles and empirically sup- ported techniques of cognitive behavior therapy* (pp. 63–76). Hoboken, NJ: Wiley.

Duncan, B. L., Miller, S. D., Wampold, B. E., & Hubble, M. A. (Eds.). (2010). *The heart and soul of change: Delivering what works in therapy* (2nd ed.). Washington, DC: American Psychological Association.

Eells, T. D. (Ed.). (2007a). *Handbook of psychotherapy case formulation* (2nd ed.). New York, NY: Guilford Press.

Eells, T. D. (2007b). Psychotherapy case formulation: History and current status. In T. D. Eells (Ed.), *Handbook of psychotherapy case formulation* (2nd ed., pp. 3–32). New York, NY: Guilford Press.

Eells, T. D. (2008, June). *The unfolding case formulation: Defining quality in development of the core inference*. Paper presented at the 39th Meeting of the Society for Psychotherapy Research, Barcelona, Spain.

Eells, T. D. (2010). The unfolding case formulation: The interplay of description and inference. *Pragmatic Case Studies in Psychotherapy, 6*, 225–254. http://dx.doi.org/10.14713/pcsp.v6i4.1046

Eells, T. D., Kendjelic, E. M., & Lucas, C. P. (1998). What's in a case formulation? Development and use of a content coding manual. *The Journal of Psychotherapy Practice & Research, 7*, 144–153.

Eells, T. D., & Lombart, K. G. (2003). Case formulation and treatment concepts among novice, experienced, and expert cognitive–behavioral and psycho- dynamic therapists. *Psychotherapy Research, 13*(2), 187–204. http://dx.doi.org/10.1093/ptr/kpg018

Eells, T. D., & Lombart, K. G. (2004). Case formulation: Determining the focus in brief dynamic psychotherapy. In D. P. Charman (Ed.), *Core processes in brief psychodynamic psychotherapy* (pp. 119–144). Mahwah, NJ: Erlbaum.

Eells, T. D., Lombart, K. G., Kendjelic, E. M., Turner, L. C., & Lucas, C. P. (2005). The quality of psychotherapy case formulations: A comparison of expert, experienced, and novice cognitive–behavioral and psychodynamic thera- pists. *Journal of Consulting and Clinical Psychology, 73*, 579–589. http://dx.doi.org/10.1037/0022-006X.73.4.579

Eells, T. D., Lombart, K. G., Salsman, N., Kendjelic, E. M., Schneiderman, C. T., & Lucas, C. P. (2011). Expert reasoning in psychotherapy case formulation. *Psychotherapy Research, 21*, 385–399. http://dx.doi.org/10.1080/10503307.2010.539284

Ehlers, A., & Clark, D. M. (2000). A cognitive model of posttraumatic stress disor- der. *Behaviour Research and Therapy, 38*, 319–345. http://dx.doi.org/10.1016/S0005-7967(99)00123-0

Eisenhower, D. D. (1957, November 14). *Remarks at the National Defense Executive Reserve Conference*. Retrieved from http://www.presidency.ucsb.edu/ws/?pid=10951

Ellenberger, H. F. (1970). *The discovery of the unconscious: The history and evolu- tion of dynamic psychiatry*. New York, NY: Basic Books.

Elliott, R., Bohart, A. C., Watson, J. C., & Greenberg, L. S. (2011). Empathy. In J.

C. Norcross (Ed.), *Psychotherapy relationships that work: Evidence-based responsiveness* (2nd ed., pp. 132–152). New York, NY: Oxford University Press. http://dx.doi.org/10.1093/acprof:oso/9780199737208.003.0006

Ellis, A. (1994). *Reason and emotion in psychotherapy (revised and updated).* Secaucus, NJ: Birch Lane.

Ellis, A. (2000). Rational emotive behavior therapy (REBT). *Encyclopedia of psychology, Vol. 7.* (pp. 7–9). Washington, DC: American Psychological Associa- tion; New York, NY: Oxford University Press.

Epstein, N. B., & Baucom, D. H. (2002). *Enhanced cognitive–behavioral therapy for couples: A contextual approach.* Washington, DC: American Psychological Association. http://dx.doi.org/10.1037/10481-000

Ericsson, K. A. (2006). The influence of experience and deliberate practice on the development of superior expert performance. In K. A. Ericsson, N. Charness, P. J. Feltovich, & R. R. Hoffman (Eds.), *The Cambridge handbook of expertise and expert performance* (pp. 683–704). New York, NY: Cambridge University Press. http://dx.doi.org/10.1017/CBO9780511816796.038

Ericsson, K. A., Charness, N., Feltovich, P. J., & Hoffman, R. R. (Eds.). (2006). *The Cambridge handbook of expertise and expert performance.* New York, NY: Cambridge University Press. http://dx.doi.org/10.1017/CBO9780511816796

Erikson, E. (1980). *Identity and the life cycle.* New York, NY: Norton.

Evans, J. S. B. T. (2008). Dual-processing accounts of reasoning, judgment, and social cognition. *Annual Review of Psychology, 59,* 255–278. http://dx.doi.org/10.1146/annurev.psych.59.103006.093629

Faust, D. (2007). Decision research can increase the accuracy of clinical judgment and thereby improve patient care. In S. O. Lilienfeld & W. T. O'Donohue (Eds.), *The great ideas of clinical science: 17 principles that every mental health professional should understand* (pp. 49–76). New York, NY: Routledge/Taylor & Francis.

Ferster, C. B. (1973). A functional analysis of depression. *American Psychologist, 28,* 857–870. http://dx.doi.org/10.1037/h0035605

Festinger, L. (1957). *A theory of cognitive dissonance.* Stanford, CA: Stanford University Press.

First, M. B. (2014). Empirical grounding versus innovation in the *DSM–5* revi- sion process: Implications for the future. *Clinical Psychology: Science and Prac- tice, 21,* 262–268. http://dx.doi.org/10.1111/cpsp.12069

First, M. B., Spitzer, R. L., Gibbon, M., & Williams, J. B. W. (1995). The Structured Clinical Interview for *DSM–III–R* Personality Disorders (SCID-II): I. Description. *Journal of Personality Disorders, 9,* 83–91. http://dx.doi.org/10.1521/pedi.1995.9.2.83

Fischhoff, B. (1975). Hindsight is not equal to foresight: The effect of out- come knowledge on judgment under uncertainty. *Journal of Experimental Psychology: Human Perception and Performance, 1*, 288–299. http://dx.doi. org/10.1037/0096-1523.1.3.288

Fischhoff, B. (1982). For those condemned to study the past: Heuristics and biases in hindsight. In D. Kahneman, P. Slovic, & A. Tversky (Eds.), *Judgment under uncertainty: Heuristics and biases* (pp. 335–352). Cambridge, MA: Cambridge University Press. http://dx.doi.org/10.1017/CBO9780511809477.024

Fishman, D. B. (2001). From single case to database: A new method for enhancing psychotherapy, forensic, and other psychological practice. *Applied & Preventive Psychology, 10*, 275–304. http://dx.doi.org/10.1016/S0962-1849(01)80004-4

Fleiss, J. L. (1986). *The design and analysis of clinical experiments.* New York, NY: John Wiley and Sons.

Frances, A. (2013a). Newsflash from APA meeting: *DSM–5* has flunked its reli- ability tests. *Psychology Today.* Retrieved from http://www.psychologytoday. com/blog/dsm5-in-distress/201205/newsflash-apa-meeting-dsm-5-has- flunked-its-reliability-tests

Frances, A. (2013b). *Saving normal: An insider's revolt against out-of-control psy- chiatric diagnosis,* DSM–5*, Big Pharma, and the medicalization of ordinary life.* New York, NY: William Morrow.

Frank, J. D. (1961). *Persuasion and healing: A comparative study of psychotherapy.* Baltimore, MD: The Johns Hopkins University Press.

Frank, J. D., & Frank, J. B. (1991). *Persuasion and healing: A comparative study of psychotherapy* (3rd ed.). Baltimore, MD: The Johns Hopkins University Press.

Frankfurter, D. (2006). *Evil incarnate: Rumors of demonic conspiracy and satanic abuse in history.* Princeton, NJ: Princeton University Press.

Freeman, D., Bentall, R., & Garety, P. (Eds.). (2008). *Persecutory delusions: Assess- ment, theory and treatment.* Oxford, England: Oxford University Press.

Garb, H. N. (2003). Incremental validity and the assessment of psychopathology in adults. *Psychological Assessment, 15*, 508–520. http://dx.doi.org/10.1037/ 1040-3590.15.4.508

Garmezy, N., Masten, A. S., & Tellegen, A. (1984). The study of stress and compe- tence in children: A building block for developmental psychopathology. *Child Development, 55*, 97–111. http://dx.doi.org/10.2307/1129837

Ghaderi, A. (2011). Does case formulation make a difference to treatment outcome? In P. Sturmey & M. McMurran (Eds.), *Forensic case formulation* (pp. 61–79). Chichester, England: Wiley-Blackwell. http://dx.doi.org/10.1002/ 9781119977018.ch3

Gigerenzer, G. (2007). *Gut feelings: The intelligence of the unconscious.* New York, NY: Viking.
Gigerenzer, G., Todd, P. M., & the ABC Research Group. (1999). *Simple heuristics that make us smart.* New York, NY: Oxford University Press.
Goldfried, M. R. (1995). Toward a common language for case formulation. *Jour- nal of Psychotherapy Integration, 5*, 221–244.
Goldfried, M. R., & Sprafkin, J. N. (1976). Behavioral personality assessment. In J. T. Spence, R. C. Carson, & J. W. Thibaut (Eds.), *Behavioral approaches to therapy* (pp. 295–321). Morristown, NJ: General Learning Press.
Goodheart, C. D. (2014). *A primer for ICD–10–CM users: Psychological and behavioral conditions.* Washington, DC: American Psychological Association. http://dx.doi.org/10.1037/14379-000
Gordis, L. (1990). *Epidemiology.* Philadelphia, PA: Saunders.
Gordon, L. V., & Mooney, R. L. (1950). *Mooney problem checklist manual: Adult form.* New York, NY: The Psychological Corporation.
Gottesman, I. I., & Gould, T. D. (2003). The endophenotype concept in psychia- try: Etymology and strategic intentions. *The American Journal of Psychiatry, 160*, 636–645. http://dx.doi.org/10.1176/appi.ajp.160.4.636
Gottman, J., & Silver, N. (1999). *Seven principles for making marriage work.* New York, NY: Three Rivers Press.
Greenberg, L. S. (2002). *Emotion-focused therapy: Coaching clients to work through their feelings.* Washington, DC: American Psychological Association.
Greenberg, L. S., & Goldman, R. (2007). Case formulation in emotion-focused therapy. In T. D. Eells (Ed.), *Handbook of psychotherapy case formulation* (2nd ed., pp. 379–411). New York, NY: Guilford Press.
Greenberg, L. S., & Paivio, S. C. (1997). *Working with emotions.* New York, NY: Guilford Press.
Greenberg, L. S., & Watson, J. C. (2005). *Emotion focused therapy for depression.* Washington, DC: American Psychological Association.
Grencavage, L. M., & Norcross, J. C. (1990). Where are the commonalities among the therapeutic common factors? *Professional Psychology: Research and Prac- tice, 21*, 372–378. http://dx.doi.org/10.1037/0735-7028.21.5.372
Groopman, J. (2007). *How doctors think.* Boston, MA: Houghton Mifflin.
Haidt, J. (2006). *The happiness hypothesis: Finding modern truth in ancient wis- dom.* New York, NY: Basic Books.
Halstead, J. E., Leach, C., & Rust, J. (2008). The development of a brief distress measure for the evaluation of psychotherapy and counseling (sPaCE) *Psycho- therapy Research, 17*, 656–672.

Harkness, A. R. (2007). Personality traits are essential for a complete clinical sci- ence. In S. O. Lilienfeld & W. T. O'Donohue (Eds.), *The great ideas of clinical science: 17 principles that every mental health professional should understand* (pp. 263–290). New York, NY: Routledge/Taylor & Francis.

Hayes, S. C., & Strosahl, K. D. (Eds.). (2004). *A practical guide to acceptance and commitment therapy.* New York, NY: Springer. http://dx.doi.org/10. 1007/978-0-387-23369-7

Haynes, S. N., & Williams, A. E. (2003). Case formulation and design of behav- ioral treatment programs: Matching treatment mechanisms to causal vari- ables for behavior problems. *European Journal of Psychological Assessment, 19,* 164–174. http://dx.doi.org/10.1027//1015-5759.19.3.164

Hays, P. A. (2008). *Addressing cultural complexities in practice: Assessment, diagnosis, and therapy* (2nd ed.). Washington, DC: American Psychological Association.

Henry, W. P. (1997). Interpersonal case formulation: Describing and explaining interpersonal patterns using the Structural Analysis of Social Behavior. In T. D. Eells (Ed.), *Handbook of psychotherapy case formulation* (pp. 223–259). New York, NY: Guilford.

Henry, W. P., Schacht, T. E., & Strupp, H. H. (1990). Patient and therapist introject, interpersonal process, and differential psychotherapy outcome. *Journal of Consulting and Clinical Psychology, 58,* 768–774. http://dx.doi. org/10.1037/0022-006X.58.6.768

Henry, W. P., Schacht, T. E., Strupp, H. H., Butler, S. F., & Binder, J. L. (1993). Effects of training in time-limited dynamic psychotherapy: Mediators of therapists' responses to training. *Journal of Consulting and Clinical Psychology, 61*(3), 441–447. http://dx.doi.org/10.1037/0022-006X.61.3.441

Heppner, P. P., Kivlighan, D. M., Good, G. E., Roehlke, H. J., Hills, H. J., & Ashby, J. S. (1994). Presenting problems of university counseling center clients: A snapshot and multivariate classification scheme. *Journal of Counseling Psy- chology, 41,* 315–324. http://dx.doi.org/10.1037/0022-0167.41.3.315

Hill, P. C., Pargament, K. I., Hood, R. W., Jr., McCullough, M. E., Swyers, J. P., Larson, B., & Zinnbauer, B. J. (2000). Conceptualizing religious and spiritual- ity: Points of commonality, points of departure. *Journal for the Theory of Social Behaviour, 30,* 51–77. http://dx.doi.org/10.1111/1468-5914.00119

Hines, P. M., & Boyd-Franklin, N. (2005). African American families. In M. McGoldrick, J. Giordano, & N. Garcia-Preto (Eds.), *Ethnicity and family therapy* (3rd ed., pp. 87–100). New York, NY: Guilford Press.

Hinkle, L. E., Jr. (1974). The concept of "stress" in the biological and social sci- ences. *International Journal of Psychiatry in Medicine, 5,* 335–357. http://dx.doi.

org/10.2190/91DK-NKAD-1XP0-Y4RG

Hogarth, R. M. (2001). *Educating intuition.* Chicago, IL: University of Chicago Press.

Holm, J. E., & Holroyd, K. A. (1992). The Daily Hassles Scale (Revised): Does it measure stress or symptoms? *Behavioral Assessment, 14,* 465–482.

Horney, K. (1950). *Neurosis and human growth: The struggle toward self-realization.* New York, NY: Norton.

Horowitz, M. J. (1997). *Formulation as a basis for planning psychotherapy treat- ment.* Washington, DC: American Psychiatric Press.

Horowitz, M. J. (2005). *Understanding psychotherapy change: A practical guide to configurational analysis.* Washington, DC: American Psychological Association.

Horowitz, M. J., Eells, T., Singer, J., & Salovey, P. (1995). Role-relationship models for case formulation. *Archives of General Psychiatry, 52,* 625–632. http://dx.doi.org/10.1001/archpsyc.1995.03950200015003

Horowitz, M. J., & Eells, T. D. (2007). Configurational analysis: States of mind, person schemas, and the control of ideas and affect. In T. D. Eells (Ed.), *Hand- book of psychotherapy case formulation* (2nd ed., pp. 136–163). New York, NY: Guilford Press.

Horowitz, M. J., Ewert, M., & Milbrath, C. (1996). States of emotional control during psychotherapy. *The Journal of Psychotherapy Practice and Research, 5*(1), 20–25.

Horowitz, M. J., Milbrath, C., Ewert, M., Sonneborn, D., & Stinson, C. (1994). Cyclical patterns of states of mind in psychotherapy. *The American Journal of Psychiatry, 151,* 1767–1770.

Horowitz, M. J., Milbrath, C., Jordan, D. S., Stinson, C. H., Ewert, M., Redington, D. J., . . . Hartley, D. (1994). Expressive and defensive behavior during discourse on unresolved topics: A single case study of pathological grief. *Journal of Per- sonality, 62,* 527–563. http://dx.doi.org/10.1111/j.1467-6494.1994.tb00308.x

Horowitz, M. J., Stinson, C., Curtis, D., Ewert, M., Redington, D., Singer, J., . . . Hartley, D. (1993). Topics and signs: Defensive control of emotional expres- sion. *Journal of Consulting and Clinical Psychology, 61,* 421–430. http://dx.doi.org/10.1037/0022-006X.61.3.421

Howard, K. I., Kopta, S. M., Krause, M. S., & Orlinsky, D. E. (1986). The dose- effect relationship in psychotherapy. *American Psychologist, 41,* 159–164. http://dx.doi.org/10.1037/0003-066X.41.2.159

Howard, K. I., Lueger, R. J., Maling, M. S., & Martinovich, Z. (1993). A phase model of psychotherapy outcome: Causal mediation of change. *Journal of Consulting and Clinical Psychology, 61,* 678–685. http://dx.doi.org/10.1037/ 0022-006X.61.4.678

Hyler, S. E., Williams, J. B. W., & Spitzer, R. L. (1982). Reliability in the *DSM–III* fi ld trials: Interview v case summary. *Archives of General Psychiatry, 39,* 1275–1278.

http://dx.doi.org/10.1001/archpsyc.1982.04290110035006

Imel, Z. E., Baldwin, S., Atkins, D. C., Owen, J., Baardseth, T., & Wampold, B. E. (2011). Racial/ethnic disparities in therapist effectiveness: A conceptualization and initial study of cultural competence. *Journal of Counseling Psychology, 58*, 290–298. http://dx.doi.org/10.1037/a0023284

Ingram, B. L. (2012). *Clinical case formulations: Matching the integrative treatment plan to the client* (2nd ed.). Hoboken, NJ: Wiley

Johnson, R. A., Barrett, M. S., & Sisti, D. A. (2013). The ethical boundaries of patient and advocate infl nce on *DSM–5*. *Harvard Review of Psychiatry, 21*, 334–344.

Jose, A., & Goldfried, M. (2008). A transtheoretical approach to case formulation. *Cognitive and Behavioral Practice, 15*, 212–222. http://dx.doi.org/10.1016/j.cbpra.2007.02.009

Jung, C. G. (1972). *Two essays on analytical psychology.* Princeton, NJ: Princeton University Press.

Kagan, J. (1998). *Galen's prophecy: Temperament in human nature.* New York, NY: Basic Books.

Kahneman, D. (2011). *Thinking, fast and slow.* New York, NY: Farrar, Straus and Giroux.

Kahneman, D., & Frederick, S. (2002). A model of heuristic judgment. In T. Gilovich, D. Griffin, & D. Kahneman (Eds.), *Heuristics and biases: The psy- chology of intuitive judgment* (pp. 49–81). New York, NY: Cambridge University Press. http://dx.doi.org/10.1017/CBO9780511808098.004

Kahneman, D., & Klein, G. (2009). Conditions for intuitive expertise: A failure to disagree. *American Psychologist, 64*, 515–526. http://dx.doi.org/10.1037/a0016755

Kahneman, D., Slovic, P., & Tversky, A. (Eds.). (1982). *Judgment under uncer- tainty: Heuristics and biases.* Cambridge, MA: Cambridge University Press. http://dx.doi.org/10.1017/CBO9780511809477

Kazdin, A. E. (2007). Mediators and mechanisms of change in psychotherapy research. *Annual Review of Clinical Psychology, 3*, 1–27. http://dx.doi.org/10. 1146/annurev.clinpsy.3.022806.091432

Kazdin, A. E. (2008). Evidence-based treatment and practice: New opportuni- ties to bridge clinical research and practice, enhance the knowledge base, and improve patient care. *American Psychologist, 63*, 146–159. http://dx.doi. org/10.1037/0003-066X.63.3.146

Keller, F. S., & Schoenfeld, W. N. (1950). *Principles of psychology: A systematic text in the science of behavior.* New York, NY: Appleton, Century Crofts.

Kelly, G. A. (1955a). *The psychology of personal constructs. Vol. 1. A theory of per- sonality.* Oxford, England: Norton.

参考文献

Kelly, G. A. (1955b). *The psychology of personal constructs. Vol. 2. Clinical diagnosis and psychotherapy.* Oxford, England: Norton.

Kendell, R. E. (1975). *The role of diagnosis in psychiatry.* Philadelphia, PA: Blackwell Scientific.

Kendler, K. S. (2013). A history of the *DSM–5* scientific review committee. *Psychological Medicine, 43,* 1793–1800. http://dx.doi.org/10.1017/S0033291713001578

Kendler, K. S., Eaves, L. J., Loken, E. K., Pedersen, N. L., Middeldorp, C. M., Reynolds, C., . . . Gardner, C. O. (2011). The impact of environmental experiences on symptoms of anxiety and depression across the life span. *Psychologi- cal Science, 22,* 1343–1352. http://dx.doi.org/10.1177/0956797611417255

Kendler, K. S., Prescott, C. A., Myers, J., & Neale, M. C. (2003). The structure of genetic and environmental risk factors for common psychiatric and substance use disorders in men and women. *Archives of General Psychiatry, 60,* 929–937. http://dx.doi.org/10.1001/archpsyc.60.9.929

Kernberg, O. F. (1975). *Borderline conditions and pathological narcissism.* New York, NY: Jason Aronson.

Kernberg, O. F., Selzer, M. A., Koenigsberg, H. W., Carr, A. C., & Appelbaum, A. H. (1989). *Psychodynamic psychotherapy of borderline patients.* New York, NY: Basic Books.

Kessler, R. C., Chiu, W. T., Demler, O., Merikangas, K. R., & Walters, E. E. (2005). Prevalence, severity, and comorbidity of twelve-month *DSM–IV* disorders in the National Comorbidity Survey Replication (NCS-R). *Archives of General Psychiatry, 62,* 617–627.

Kessler, R. C., & Wang, P. S. (2009). Epidemiology of depression. In I. H. Gotlib & C. L. Hammen (Eds.), *Handbook of depression* (2nd ed., pp. 5–22). New York, NY: Guilford Press.

Kirk, S. A., & Kutchins, H. (1992). *The selling of* DSM: *The rhetoric of science in psychiatry.* New York, NY: Aldine.

Klein, G. (1998). *Sources of power: How people make decisions.* Cambridge, MA: MIT Press.

Koerner, K. (2007). Case formulation in dialectical behavior therapy for borderline personality disorder. In T. D. Eells (Ed.), *Handbook of psycho- therapy case formulation* (2nd ed., pp. 317–348). New York, NY: Guilford Press.

Kohut, H. (1971). *Analysis of the self.* New York, NY: International Universities Press.

Kohut, H. (1977). *Restoration of the self.* New York, NY: International Universities Press.

Kopta, S. M., Howard, K. I., Lowry, J. L., & Beutler, L. E. (1994). Patterns of symptomatic recovery in psychotherapy. *Journal of Consulting and Clinical Psychol-*

ogy, 62, 1009–1016. http://dx.doi.org/10.1037/0022-006X.62.5.1009

Krass, J., Kinoshita, S., & McConkey, K. M. (1989). Hypnotic memory and confident reporting. *Applied Cognitive Psychology, 3*, 35–51. http://dx.doi. org/10.1002/acp.2350030105

Kroeber, A. L., & Kluckhohn, C. (1952). *Culture: A critical review of concepts and definitions.* Cambridge, MA: The Museum.

Kroenke, K., Spitzer, R. L., & Williams, J. B. (2001). The PHQ-9: Validity of a brief depression severity measure. *Journal of General Internal Medicine, 16*, 606–613. http://dx.doi.org/10.1046/j.1525-1497.2001.016009606.x

Krueger, R. F., Hopwood, C. J., Wright, A. G. C., & Markon, K. E. (2014). *DSM–5* and the path toward empirically based and clinically useful conceptualization of personality and psychopathology. *Clinical Psychology: Science and Practice, 21*, 245–261. http://dx.doi.org/10.1111/cpsp.12073

Kuehlwein, K. T., & Rosen, H. (1993). *Cognitive therapies in action: Evolving innovative practice.* San Francisco, CA: Jossey-Bass.

Kutchins, H., & Kirk, S. A. (1997). *Making us crazy: DSM: The psychiatric bible and the creation of mental disorders.* New York, NY: The Free Press.

Kuyken, W., Fothergill, C. D., Musa, M., & Chadwick, P. (2005). The reliability and quality of cognitive case formulation. *Behaviour Research and Therapy, 43*, 1187–1201. http://dx.doi.org/10.1016/j.brat.2004.08.007

Kuyken, W., Padesky, C. A., & Dudley, R. (2009). *Collaborative case conceptualization: Working effectively with clients in cognitive–behavioral therapy.* New York, NY: Guilford Press.

Lambert, M. J. (2007). Presidential address: What we have learned from a decade of research aimed at improving psychotherapy outcome in routine care. *Psychotherapy Research, 17*(1), 1–14. http://dx.doi.org/10.1080/10503300601032506

Lambert, M. J. (2010). Yes, it is time for clinicians to routinely monitor treat- ment outcome. In B. L. Duncan, S. D. Miller, B. E. Wampold, & M. A. Hubble (Eds.), *The heart and soul of change: Delivering what works in therapy* (2nd ed., pp. 239–266). Washington, DC: American Psychological Association. http:// dx.doi.org/10.1037/12075-008

Lambert, M. J. (2013a). The efficacy and effectiveness of psychotherapy. In M. J. Lambert (Ed.), *Bergin and Garfield's handbook of psychotherapy and behavior change* (6th ed., pp. 169–218). New York, NY: Wiley.

Lambert, M. J. (2013b). Introduction and historical overview. In M. J. Lambert (Ed.), *Bergin and Garfield's handbook of psychotherapy and behavior change* (6th ed., pp. 3–20). New York, NY: Wiley.

Lambert, M. J., & Finch, A. E. (1999). The Outcome Questionnaire. In M. E. Maruish

(Ed.), *The use of psychological testing for treatment planning and out- comes assessment* (2nd ed., pp. 831–869). Mahwah, NJ: Erlbaum.

Lambert, M. J., Morton, J. J., Hatfield, D., Harmon, C., Hamilton, S., Reid, R. C., & Burlingame, G. M. (2004). *Administration and scoring manual for the Outcome Questionnaire-45*. Orem, UT: American Professional Credentialing Services.

Langs, R. (1998). *Ground rules in psychotherapy and counselling*. London, England: Karnac Books.

Latham, G. P., & Locke, E. A. (2007). New developments in and directions for goal-setting research. *European Psychologist, 12*, 290–300. http://dx.doi.org/10.1027/1016-9040.12.4.290

Lazarus, R. S. (2000). Toward better research on stress and coping. *American Psychologist, 55*, 665–673. http://dx.doi.org/10.1037/0003-066X.55.6.665

Lazarus, R. S., & DeLongis, A. (1983). Psychological stress and coping in aging. *American Psychologist, 38*, 245–254. http://dx.doi.org/10.1037/0003-066X.38.3.245

Lazarus, R. S., & Folkman, S. (1984). *Stress, appraisal, and coping*. New York, NY: Springer.

Levenson, H. (1995). *Time-limited dynamic psychotherapy: A guide to clinical practice*. New York, NY: Basic Books.

Levenson, H., & Strupp, H. H. (2007). Cyclical maladaptive patterns: Case formulation in time-limited dynamic psychotherapy. In T. D. Eells (Ed.), *Handbook of psychotherapy case formulation* (2nd ed., pp. 164–197). New York, NY: Guilford Press.

Lewinsohn, P. M. (1974). A behavioural approach to depression. In R. M. Friedman & M. M. Katz (Eds.), *The psychology of depression: Contemporary theory and research* (pp. 157–178). New York, NY: Wiley.

Lewinsohn, P. M., Antonuccio, D. O., Breckenridge, J., & Teri, L. (1987). *The cop- ing with depression course: A psychoeducational intervention for unipolar depression*. Eugene, OR: Castaglia.

Lewinsohn, P. M., & Shaffer, M. (1971). Use of home observations as an integral part of the treatment of depression; preliminary report and case studies. *Jour- nal of Consulting and Clinical Psychology, 37*, 87–94. http://dx.doi.org/10.1037/h0031297

Linehan, M. M. (1993). *Cognitive–behavioral treatment of borderline personality disorder*. New York, NY: Guilford Press.

Locke, E. A., & Latham, G. P. (1990). *A theory of goal setting and task performance*. Englewood Cliffs, NJ: Prentice-Hall.

Luborsky, L. (1977). Measuring a pervasive psychic structure in psychotherapy:

The core conflictual relationship theme. In N. Freedman & S. Grand (Eds.), *Communicative structures and psychic structures* (pp. 367–395). New York, NY: Plenum Press. http://dx.doi.org/10.1007/978-1-4757-0492-1_16

Luborsky, L. (1996). *The symptom-context method: Symptoms as opportunities in psychotherapy.* Washington, DC: American Psychological Association.

Luborsky, L., & Barrett, M. S. (2007). The core conflictual relationship theme: A basic case formulation method. In T. D. Eells (Ed.), *Handbook of psycho- therapy case formulation* (2nd ed., pp. 105–135). New York, NY: Guilford Press.

Lynn, S. J., Matthews, A., Williams, J. C., Hallquist, M. N., & Lilienfield, S. O. (2007). Some forms of psychopathology are partly socially constructed. In S. O. Lilienfield & W. T. O'Donohue (Eds.), *The great ideas of clinical sci- ence: 17 principles that every mental health professional should understand* (pp. 347–373). New York, NY: Routledge.

Mack, A. H., Forman, L., Brown, R., & Frances, A. (1994). A brief history of psychiatric classification: From the ancients to *DSM–IV. Psychiatric Clinics of North America, 17,* 515–523.

Mahoney, M. J. (1991). *Human change processes: The scientific foundations of psychotherapy.* New York, NY: Basic Books.

Markowitz, J. C., & Swartz, H. A. (2007). Case formulation in interpersonal psychotherapy of depression. In T. D. Eells (Ed.), *Handbook of psychotherapy case formulation* (2nd ed., pp. 221–250). New York, NY: Guilford Press.

Markus, H., & Wurf, E. (1987). The dynamic self-concept: A social psycho- logical perspective. *Annual Review of Psychology, 38,* 299–337. http://dx.doi.org/10.1146/annurev.ps.38.020187.001503

Martin, D. J., Garske, J. P., & Davis, M. K. (2000). Relation of the therapeutic alliance with outcome and other variables: A meta-analytic review. *Journal of Consulting and Clinical Psychology, 68,* 438–450. http://dx.doi.org/10.1037/0022-006X.68.3.438

Maslow, A. H. (1987). *Motivation and personality* (3rd ed.). New York, NY: Harper & Row.

Masten, A. S. (2001). Ordinary magic. Resilience processes in development. *American Psychologist, 56,* 227–238. http://dx.doi.org/10.1037/0003-066X.56.3.227

McCabe, G. H. (2007). The healing path: A culture and community-derived indigenous therapy model. *Psychotherapy: Theory, Research, Practice, Training, 44,* 148–160. http://dx.doi.org/10.1037/0033-3204.44.2.148

McClain, T., O'Sullivan, P. S., & Clardy, J. A. (2004). Biopsychosocial formulation: Recognizing educational shortcomings. *Academic Psychiatry, 28,* 88–94. http://dx.doi.org/10.1176/appi.ap.28.2.88

McGoldrick, M., Giordano, J., & Garcia-Preto, N. (Eds.). (2005). *Ethnicity and family therapy* (3rd ed.). New York, NY: Guilford Press.

Meehl, P. E. (1954). *Clinical versus statistical prediction: A theoretical analysis and a review of the evidence*. Minneapolis: University of Minnesota Press.

Meehl, P. E. (1962). Schizotaxia, schizotypy, schizophrenia. *American Psychologist, 17*, 827–838. http://dx.doi.org/10.1037/h0041029

Meehl, P. E. (1973a). *Psychodiagnosis: Selected papers*. New York, NY: Norton.

Meehl, P. E. (1973b). Why I do not attend case conferences. In P. E. Meehl (Ed.), *Psychodiagnosis: Selected papers* (pp. 225–302). New York, NY: Norton.

Messer, S. B. (1986). Behavioral and psychoanalytic perspectives at therapeutic choice points. *American Psychologist, 41*, 1261–1272. http://dx.doi.org/10.1037/ 0003-066X.41.11.1261

Messer, S. B., & Winokur, M. (1980). Some limits to the integration of psychoanalytic and behavior therapy. *American Psychologist, 35*, 818–827. http://dx.doi.org/10.1037/0003-066X.35.9.818

Messer, S. B., & Wolitzky, D. L. (2007). The traditional psychoanalytic approach to case formulation. In T. D. Eells (Ed.), *Handbook of psychotherapy case for- mulation* (2nd ed., pp. 67–104). New York, NY: Guilford Press.

Michael, J. (2000). Implications and refinements of the establishing operation concept. *Journal of Applied Behavior Analysis, 33*, 401–410. http://dx.doi. org/10.1901/jaba.2000.33-401

Miller, S. D., Duncan, B. L., Sorrell, R., & Brown, G. S. (2005). The partners for change outcome management system. *Journal of Clinical Psychology, 61*, 199–208. http://dx.doi.org/10.1002/jclp.20111

Millon, T., & Klerman, G. L. (1986). On the past and future of the *DSM–III:* Personal recollections and projections. In T. Millon & G. L. Klerman (Eds.), *Contemporary directions in psychopathology: Toward the* DSM–IV (pp. 29–70). New York, NY: Guilford Press.

Mineka, S., & Zinbarg, R. (2006). A contemporary learning theory perspective on the etiology of anxiety disorders: It's not what you thought it was. *American Psychologist, 61*, 10–26. http://dx.doi.org/10.1037/0003-066X.61.1.10

Monroe, S. M., & Simons, A. D. (1991). Diathesis–stress theories in the context of life stress research: Implications for the depressive disorders. *Psychological Bulletin, 110*, 406–425. http://dx.doi.org/10.1037/0033-2909.110.3.406

Morin, C. M., Bootzin, R. R., Buysse, D. J., Edinger, J. D., Espie, C. A., & Lichstein, K. L. (2006). Psychological and behavioral treatment of insomnia: Update of the recent evidence (1998–2004). *Sleep, 29*, 1398–1414.

Morrison, J. (in press). *When psychological problems mask medical disorders: A guide for psychotherapists* (2nd ed.). New York, NY: Guilford Press.

Morrison, J. (2008). *The first interview* (3rd ed.). New York, NY: Guilford Press.

Mumma, G. H. (2011). Current issues in case formulation. In P. Sturmey & M. McMurran (Eds.), *Forensic case formulation* (pp. 33–60). Chichester, England: Wiley-Blackwell. http://dx.doi.org/10.1002/9781119977018.ch2

Murray, H. A. (1938). *Explorations in personality: A clinical and experimental study of fifty men of college age.* New York, NY: Oxford University Press.

Myers, D. G. (2002). *Intuition: Its powers and perils.* New Haven, CT: Yale University Press.

Nathan, P. E., & Gorman, J. M. (2007). *A guide to treatments that work* (3rd ed.). Oxford, England: Oxford University Press.

Nelson-Gray, R. O. (2003). Treatment utility of psychological assessment. *Psychological Assessment, 15*, 521–531. http://dx.doi.org/10.1037/1040-3590.15.4.521

Newell, A., Shaw, J. C., & Simon, H. A. (1958). Elements of a theory of human problem solving. *Psychological Review, 65*, 151–166. http://dx.doi.org/10.1037/h0048495

Newman, B. M., & Newman, P. R. (1999). *Development through life: A psychosocial approach.* Belmont, CA: Wadsworth.

Nezu, A. M., Nezu, C. M., & Cos, T. A. (2007). Case formulation for the behavioral and cognitive therapies. In T. D. Eells (Ed.), *Handbook of psychotherapy case formulation* (2nd ed., pp. 349–378). New York, NY: Guilford Press.

Nezu, A. M., Nezu, C. M., & Lombardo, E. R. (2004). *Cognitive–behavioral case formulation and treatment design: A problem-solving approach.* New York, NY: Springer.

Nock, M. K., & Kessler, R. C. (2006). Prevalence of and risk factors for suicide attempts versus suicide gestures: Analysis of the National Comorbidity Survey. *Journal of Abnormal Psychology, 115*, 616–623. http://dx.doi.org/10.1037/0021-843X.115.3.616

Nolen-Hoeksema, S., Wisco, B. E., & Lyubomirsky, S. (2008). Rethinking rumination. *Perspectives on Psychological Science, 3*, 400–424. http://dx.doi.org/10.1111/j.1745-6924.2008.00088.x

Norcross, J. C. (2005). A primer on psychotherapy integration. In J. C. Norcross & M. R. Goldfried (Eds.), *Handbook of psychotherapy integration* (2nd ed., pp. 3–23). New York, NY: Oxford University Press.

Norcross, J. C. (2011). *Psychotherapy relationships that work: Evidence-based responsiveness* (2nd ed.). New York, NY: Oxford University Press. http://dx.doi.org/10.1093/acprof:oso/9780199737208.001.0001

Norcross, J. C., Karpiak, C. P., & Santoro, S. O. (2005). Clinical psychologists across the years: The division of clinical psychology from 1960 to 2003. *Journal of*

参考文献

Clinical Psychology, *61*, 1467–1483. http://dx.doi.org/10.1002/ jclp.20135

Norcross, J. C., Krebs, P. M., & Prochaska, J. O. (2011). Stages of change. In J. C. Norcross (Ed.), *Psychotherapy relationships that work: Evidence-based responsiveness* (2nd ed., pp. 279–300). New York, NY: Oxford University Press. http://dx.doi.org/10.1093/acprof:oso/9780199737208.003.0014

Norcross, J. C., & Wampold, B. E. (2011). Evidence-based therapy relation- ships: Research conclusions and clinical practices. In J. C. Norcross (Ed.), *Psychotherapy relationships that work: Evidence-based responsiveness* (2nd ed., pp. 423–430). New York, NY: Oxford University Press. http://dx.doi.org/ 10.1093/acprof:o so/9780199737208.003.0021

Nuland, S. B. (1995). *Doctors: The biography of medicine*. New York, NY: Vintage Books.

O'Donohue, W. T., & Fisher, J. E. (2009). *General principles and empirically supported techniques of cognitive behavior therapy* (2nd ed.). Hoboken, NJ: Wiley.

Ogden, T. H. (1979). On projective identification. *The International Journal of Psychoanalysis*, *60*, 357–373.

Olfson, M., & Marcus, S. C. (2010). National trends in outpatient psychotherapy. *The American Journal of Psychiatry*, *167*, 1456–1463. http://dx.doi.org/10.1176/ appi.ajp.2010.10040570

Ondersma, S. J., Chaffin, M., Berliner, L., Cordon, I., Goodman, G. S., & Barnett, D. (2001). Sex with children is abuse: Comment on Rind, Tromovitch, and Bauserman (1998). *Psychological Bulletin*, *127*, 707–714. http://dx.doi. org/10.1037/0033-2909.127.6.707

Orlinsky, D. E., & Rønnestad, M. H. (2005). *How psychotherapists develop: A study of therapeutic work and professional growth*. Washington, DC: American Psychological Association.

Orlinsky, D. E., Rønnestad, M. H., & Willutzki, U. (2004). Fifty years of psychotherapy process-outcome research: Continuity and change. In M. J. Lambert (Ed.), *Bergin and Garfield's handbook of psychotherapy and behavior change* (pp. 307–389). New York, NY: Wiley.

Owen, J., Imel, Z., Adelson, J., & Rodolfa, E. (2012). "No show": Therapist racial/ ethnic disparities in client unilateral termination. *Journal of Counseling Psychology*, *59*, 314–320. http://dx.doi.org/10.1037/a0027091

Perls, F., Hefferline, R. F., & Goodman, P. (1965). *Gestalt therapy*. Oxford, Eng- land: Dell.

Perry, S., Cooper, A. M., & Michels, R. (1987). The psychodynamic formulation: Its purpose, structure, and clinical application. *The American Journal of Psy- chiatry*, *144*, 543–550.

Persons, J. B. (2008). *The case formulation approach to cognitive–behavior therapy.* New York, NY: Guilford Press.

Persons, J. B., Roberts, N. A., Zalecki, C. A., & Brechwald, W. A. G. (2006). Naturalistic outcome of case formulation-driven cognitive–behavior therapy for anxious depressed outpatients. *Behaviour Research and Therapy, 44*, 1041–1051. http://dx.doi.org/10.1016/j.brat.2005.08.005

Peterson, D. R. (1991). Connection and disconnection of research and practice in the education of professional psychologists. *American Psychologist, 46*, 422–429. http://dx.doi.org/10.1037/0003-066X.46.4.422

Pew Research Center's Religion & Public Life Project. (2008). *U.S. Religious Landscape Survey.* Washington, DC: Author.

Pew Research Center's Religion & Public Life Project. (2012). *The global religious landscape: A report on the size and distribution of the world's major religious groups as of 2010.* Washington, DC: Author.

Plomin, R., DeFries, J. C., Knopik, V. S., & Neiderhiser, J. M. (2013). *Behavioral genetics.* San Francisco, CA: Freeman.

Pomerantz, A. (2008). *Clinical psychology: Science, practice and culture.* Thousand Oaks, CA: Sage.

Postman, L. (1951). Toward a general theory of cognition. In J. H. Rohrer & M. Sherif (Eds.), *Social psychology at the crossroads; the University of Oklahoma lectures in social psychology* (pp. 242–272). Oxford, England: Harper.

Potchen, E. J. (2006). Measuring observer performance in chest radiology: Some experiences. [Review]. *Journal of the American College of Radiology, 3*, 423–432. http://dx.doi.org/10.1016/j.jacr.2006.02.020

Prochaska, J. O., & DiClemente, C. C. (2005). The transtheoretical approach. In J. C. Norcross & M. R. Goldfried (Eds.), *Handbook of psychotherapy integration* (pp. 147–171). New York, NY: Oxford University Press.

Randall, C. L., Book, S. W., Carrigan, M. H., & Thomas, S. E. (2008). Treat- ment of co-occurring alcoholism and social anxiety disorder. In S. Stewart & P. Conrod (Eds.), *Anxiety and substance use disorders: The vicious cycle of comorbidity.* (pp. 139–155): New York, NY: Springer Science + Business Media.

Raps, C. S., Peterson, C., Reinhard, K. E., Abramson, L. Y., & Seligman, M. E. P. (1982). Attributional style among depressed patients. *Journal of Abnormal Psy- chology, 91*, 102–108. http://dx.doi.org/10.1037/0021-843X.91.2.102

Regier, D. A., Narrow, W. E., Clarke, D. E., Kraemer, H. C., Kuramoto, S. J., Kuhl, E. A., & Kupfer, D. J. (2013). DSM–5 field trials in the United States and Canada, Part II: Test–retest reliability of selected categorical diagnoses. *The American Journal of Psychiatry, 170*, 59–70. http://dx.doi.org/10.1176/appi. ajp.2012.12070999

Regier, D. A., Narrow, W. E., Kuhl, E. A., & Kupfer, D. J. (2009). The conceptual development of *DSM–V*. *The American Journal of Psychiatry, 166,* 645–650. http://dx.doi.org/10.1176/appi.ajp.2009.09020279

Reik, T. (1948). *Listening with the third ear.* New York, NY: Farrar, Straus and Giroux.

Ridley, C. R., & Kelly, S. M. (2007). Multicultural considerations in case formula- tion. In T. D. Eells (Ed.), *Handbook of psychotherapy case formulation* (2nd ed.). New York, NY: Guilford Press, pp. 33–64.

Rind, B., Tromovitch, P., & Bauserman, R. (1998). A meta-analytic examination of assumed properties of child sexual abuse using college samples. *Psychological Bulletin, 124,* 22–53. http://dx.doi.org/10.1037/0033-2909.124.1.22

Rind, B., Tromovitch, P., & Bauserman, R. (2001). The validity and appropriateness of methods, analyses, and conclusions in Rind et al. (1998): A rebuttal of victimological critique from Ondersma et al. (2001) and Dallam et al. (2001). *Psychological Bulletin, 127,* 734–758. http://dx.doi.org/10.1037/0033-2909.127.6.734

Rogers, C. R. (1951). *Client-centered therapy, its current practice, implications, and theory.* Boston, MA: Houghton Mifflin.

Rosenzweig, P. (2007). *The halo effect . . . and the eight other business delusions that deceive managers.* New York, NY: Free Press.

Rosenzweig, S. (1936). Some implicit common factors in diverse methods of psychotherapy. *American Journal of Orthopsychiatry, 6,* 412–415. http://dx.doi.org/10.1111/j.1939-0025.1936.tb05248.x

Ross, L. (1977). The intuitive psychologist and his shortcomings: Distortions in the attribution process. In L. Berkowitz (Ed.), *Advances in experimental social psychology* (Vol. 10, pp. 173–220). Orlando, FL: Academic Press.

Ross, M., & Sicoly, F. (1979). Egocentric biases in availability and attribution. *Journal of Personality and Social Psychology, 37,* 322–336. http://dx.doi.org/10.1037/0022-3514.37.3.322

Ruscio, J. (2007). The clinician as subject: Practitioners are prone to the same judgment errors as everyone else. In S. O. Lilienfeld & W. T. O'Donohue (Eds.), *The great ideas of clinical science: 17 principles that every mental health professional should understand* (pp. 29–47). New York, NY: Routledge/Taylor & Francis.

Ryle, A. (1990). *Cognitive analytic therapy: Active participation in change.* Chichester, England: Wiley.

Ryle, A., & Bennett, D. (1997). Case formulation in cognitive analytic therapy. In T. D. Eells (Ed.), *Handbook of psychotherapy case formulation* (pp. 289–313). New York, NY: Guilford Press.

Sadler, J. Z. (2005). *Values and psychiatric diagnosis.* Oxford, England: Oxford University Press.

Safran, J. D., Muran, J. C., & Eubanks-Carter, C. (2011). Repairing alliance ruptures. In J. C. Norcross (Ed.), *Psychotherapy relationships that work: Evidence-based responsiveness* (pp. 224–254). New York, NY: Oxford University Press. http://dx.doi.org/10.1093/acprof:oso/9780199737208.003.0011

Salkovskis, P. M. (1996). The cognitive approach to anxiety: threat beliefs, safety-seeking behaviour and the special case of health anxiety and obsessions. In P. M. Salkovskis (Ed.), *Frontiers of cognitive therapy* (pp. 48–74). New York, NY: The Guilford Press.

Schacht, T. E. (1985). *DSM–III* and the politics of truth. *American Psychologist, 40*, 513–521. http://dx.doi.org/10.1037/0003-066X.40.5.513

Schacter, D. L. (2001). *The seven sins of memory: How the mind forgets and remembers*. Boston, MA: Houghton Mifflin.

Schneiderman, N., Ironson, G., & Siegel, S. D. (2005). Stress and health: Psychological, behavioral, and biological determinants. *Annual Review of Clinical Psychol- ogy, 1*, 607–628. http://dx.doi.org/10.1146/annurev.clinpsy.1.102803.144141

Schwartz, B. (2004). *The paradox of choice*. New York, NY: HarperCollins.

Schwarz, N., Strack, F., Hilton, D., & Naderer, G. (1991). Base rates, representativeness, and the logic of conversation: The contextual relevance of "irrelevant" information. *Social Cognition, 9*(1), 67–84. http://dx.doi.org/10.1521/soco.1991.9.1.67

Seitz, P. F. (1966). The consensus problem in psychoanalytic research. In L. Gottschalk & L. Auerbach (Eds.), *Methods of research and psychotherapy* (pp. 209–225). New York, NY: Appleton, Century, Crofts. http://dx.doi.org/10.1007/978-1-4684-6045-2_17

Selye, H. (1976). *The stress of life* (Revised ed.). New York, NY: McGraw-Hill.

Shakow, D. (1976). What is clinical psychology? *American Psychologist, 31*, 553–560. http://dx.doi.org/10.1037/0003-066X.31.8.553

Silberschatz, G. (2005a). An overview of research on control-mastery theory. In G. Silberschatz (Ed.), *Transformative relationships: The control-mastery theory of psychotherapy* (pp. 189–218). New York, NY: Routledge.

Silberschatz, G. (2005b). *Transformative relationships: The control-mastery theory of psychotherapy*. New York, NY: Routledge.

Simon, H. A. (1956). Rational choice and the structure of the environment. *Psychological Review, 63*, 129–138. http://dx.doi.org/10.1037/h0042769

Simon, H. A. (1992). What is an "explanation" of behavior? *Psychological Science, 3*, 150–161. http://dx.doi.org/10.1111/j.1467-9280.1992.tb00017.x

Singer, J. L., & Salovey, P. (1991). Organized knowledge structures and person- ality. In M. J. Horowitz (Ed.), *Person schemas and maladaptive interpersonal patterns* (pp.

33–80). Chicago, IL: University of Chicago Press.

Skinner, B. F. (1953). *Science and human behavior.* New York, NY: The Free Press.

Smith, H. (1991). *The world's religions.* New York, NY: Harper Collins.

Smith, T. B., Rodriguez, M. D., & Bernal, G. (2011). Culture. In J. C. Norcross (Ed.), *Psychotherapy relationships that work: Evidence-based responsiveness* (2nd ed., pp. 316–335). New York, NY: Oxford University Press. http://dx.doi. org/10.1093/acprof:oso/9780199737208.003.0016

Sperry, L., & Sperry, J. (2012). *Case conceptualization: Mastering this competency with ease and confidence.* New York, NY: Taylor & Francis.

Spiegel, A. (2005, January). The dictionary of disorder: How one man revolution- ized psychiatry. *The New Yorker, 56*–63.

Spitzer, R. L., Forman, J. B., & Nee, J. (1979). *DSM–III* field trials: I. Initial inter- rater diagnostic reliability. *The American Journal of Psychiatry, 136*, 815–817.

Spitzer, R. L., Kroenke, K., Williams, J. B., & Löwe, B. (2006). A brief measure for assessing generalized anxiety disorder: The GAD-7. *Archives of Internal Medicine, 166*, 1092–1097. http://dx.doi.org/10.1001/archinte.166.10.1092

Spitzer, R. L., Williams, J. B., Gibbon, M., & First, M. B. (1992). The Structured Clinical Interview for *DSM–III–R* (SCID). I: History, rationale, and description. *Archives of General Psychiatry, 49*, 624–629. http://dx.doi.org/10.1001/archpsyc.1992.01820080032005

Stanovich, K. E. (2009). *What intelligence tests miss.* New Haven, CT: Yale Uni- versity Press.

Steblay, N. M., & Bothwell, R. K. (1994). Evidence for hypnotically refreshed testimony: The view from the laboratory. *Law and Human Behavior, 18*, 635–651. http://dx.doi.org/10.1007/BF01499329

Steele, C. M., & Aronson, J. (1995). Stereotype threat and the intellectual test performance of African Americans. *Journal of Personality and Social Psychology, 69*, 797–811. http://dx.doi.org/10.1037/0022-3514.69.5.797

Strupp, H. H., & Binder, J. L. (1984). *Psychotherapy in a new key.* New York, NY: Basic Books.

Sturmey, P. (2008). *Behavioral case formulation and intervention: A functional analytic approach.* Chichester, England: Wiley-Blackwell. http://dx.doi.org/10.1002/9780470773192

Sue, D. W., Capodilupo, C. M., Torino, G. C., Bucceri, J. M., Holder, A. M. B., Nadal, K. L., & Esquilin, M. (2007). Racial microaggressions in everyday life: Implications for clinical practice. *American Psychologist, 62*, 271–286. http:// dx.doi.org/10.1037/0003-066X.62.4.271

Sue, S. (1998). In search of cultural competence in psychotherapy and counseling. *American Psychologist, 53*, 440–448. http://dx.doi.org/10.1037/0003-066X.53.4.440

Sullivan, H. S. (1953). *The interpersonal theory of psychiatry.* New York, NY: Norton.

Sullivan, H. S. (1954). *The psychiatric interview.* New York, NY: Norton.

Suzuki, S. (2008). *Zen mind, beginner's mind.* Boston, MA: Shambhala.

Swift, J. K., Callahan, J. L., & Vollmer, B. M. (2011). Preferences. In J. C. Norcross (Ed.), *Psychotherapy relationships that work: Evidence-based responsiveness* (2nd ed., pp. 301–315). New York, NY: Oxford University Press. http://dx.doi.org/10.1093/acprof:oso/9780199737208.003.0015

Taleb, N. N. (2007). *The black swan: The impact of the highly improbable.* New York, NY: Random House.

Tarrier, N., & Calam, R. (2002). New developments in cognitive–behavioural case formulation. Epidemiological, systemic and social context: An integrative approach. *Behavioural and Cognitive Psychotherapy, 30*(3), 311–328. http://dx.doi.org/10.1017/S1352465802003065

Thomas, K. (1994, September 30). Roseanne on her 21 personalities. *USA Today*, p. 2D.

Tracey, T. J. G., Wampold, B. E., Lichtenberg, J. W., & Goodyear, R. K. (2014). Expertise in psychotherapy: An elusive goal? *American Psychologist, 69*, 218–229. http://dx.doi.org/10.1037/a0035099

Trull, T. J., & Durrett, C. A. (2005). Categorical and dimensional models of per- sonality disorder. *Annual Review of Clinical Psychology, 1*, 355–380. http://dx.doi.org/10.1146/annurev.clinpsy.1.102803.144009

Tryon, G. S., & Winograd, G. (2011). Goal consensus and collaboration. In J. C. Norcross (Ed.), *Psychotherapy relationships that work: Evidence-based respon- siveness* (2nd ed., pp. 153–167). New York, NY: Oxford University Press. http://dx.doi.org/10.1093/acprof:oso/9780199737208.003.0007

Tully, E. C., & Goodman, S. H. (2007). Early developmental processes inform the study of mental disorders. In S. O. Lilienfeld & W. T. O'Donohue (Eds.), *The great ideas of clinical science: 17 principles that every mental health professional should understand* (pp. 313–328). New York, NY: Routledge/Taylor & Francis.

Vaillant, G. E. (1995). *The natural history of alcoholism revisited.* Cambridge, MA: Harvard University Press.

Valsiner, J. (1986). Different perspectives on individual-based generaliza- tions in psychology. In J. Valsiner (Ed.), *The individual subject and scien- tific psychology* (pp. 391–404). New York, NY: Plenum Press. http://dx.doi.org/10.1007/978-1-4899-2239-7_15

Wachtel, P. L. (1977). *Psychoanalysis and behavior therapy.* New York, NY: Basic Books.

Waldman, I. D. (2007). Behavior genetic approaches are integral for understanding the etiology of psychopathology. In S. O. Lilienfeld & W. T. O'Donohue (Eds.), *The great ideas of clinical science: 17 principles that every mental health professional should understand* (pp. 219–242). New York, NY: Routledge/Taylor & Francis.

Wampold, B. E. (2001a). Contextualizing psychotherapy as a healing practice: Culture, history, and methods. *Applied & Preventive Psychology, 10*, 69–86.

Wampold, B. E. (2001b). *The great psychotherapy debate: Models, methods, and findings.* Mahwah, NJ: Erlbaum.

Wampold, B. E. (2007). Psychotherapy: The humanistic (and effective) treatment. *American Psychologist, 62*, 857–873. http://dx.doi.org/10.1037/0003-066X.62.8.857

Wang, V. O., & Sue, S. (2005). In the eye of the storm: Race and genomics in research and practice. *American Psychologist, 60*, 37–45. http://dx.doi.org/10.1037/0003-066X.60.1.37

Watson, J. C. (2010). Case formulation in EFT. *Journal of Psychotherapy Integra- tion, 20*, 89–100. http://dx.doi.org/10.1037/a0018890

Weiss, J. (1990). Unconscious mental functioning. *Scientifi American, 262*, 103–109. http://dx.doi.org/10.1038/scientificamerican0390-103

Weiss, J. (1993). *How psychotherapy works: Process and technique.* New York, NY: Guilford Press.

Wells, K. B., Burnam, M. A., Rogers, W., Hays, R., & Camp, P. (1992). The course of depression in adult outpatients: Results from the Medical Outcomes Study. *Archives of General Psychiatry, 49*, 788–794. http://dx.doi.org/10.1001/archpsyc.1992.01820100032007

Wilder, D. A. (2009). A behavior analytic formulation of a case of psycho- sis. In P. Sturmey (Ed.), *Clinical case formulation: Varieties of approaches* (pp. 107–118). Chichester, England: Wiley-Blackwell. http://dx.doi.org/ 10.1002/9780470747513.ch8

Williams, C. L., & Berry, J. W. (1991). Primary prevention of acculturative stress among refugees. Application of psychological theory and practice. *American Psychologist, 46*, 632–641. http://dx.doi.org/10.1037/0003-066X.46.6.632

Williams, J. B. W., Gibbon, M., First, M. B., Spitzer, R. L., Davies, M., Borus, J., . . . Wittchen, H.-U. (1992). The Structured Clinical Interview for *DSM– III–R* (SCID). II. Multisite test-retest reliability. *Archives of General Psychiatry, 49*, 630–636. http://dx.doi.org/10.1001/archpsyc.1992.01820080038006

Wolpe, J. (1958). *Psychotherapy by reciprocal inhibition.* Stanford, CA: Stanford University Press.

Wolpe, J., & Turkat, I. D. (1985). Behavioral formulation of clinical cases. In I. D.

Turkat (Ed.), *Behavioral case formulation* (pp. 5–36). New York, NY: Plenum. http://dx.doi.org/10.1007/978-1-4899-3644-8_2

Wood, J. M., Garb, H. N., & Nezworski, M. T. (2007). Psychometrics: Better measurement makes better clinicians. In S. O. Lilienfeld & W. T. O'Donohue (Eds.), *The great ideas of clinical science: 17 principles that every mental health professional should understand* (pp. 77–92). New York, NY: Routledge/Taylor & Francis.

Woody, S. R., Detweiler-Bedell, J., Teachman, B. A., & O'Hearn, T. (2003). *Treat- ment planning in psychotherapy: Taking the guesswork out of clinical care.* New York, NY: Guilford Press.

Wordsworth, W. (1807). *Poems, in two volumes.* London, England: Longman, Hurst, Rees, and Orme.

World Health Organization. (1992). *International classification of diseases and related health problems* (10th rev.). Geneva, Switzerland: Author.

Worthington, E. L., Jr., Hook, J. N., Davis, D. E., & McDaniel, M. A. (2011). Religion and spirituality. In J. C. Norcross (Ed.), *Psychotherapy relationships that work: Evidence-based responsiveness* (2nd ed., pp. 402–420). New York, NY: Oxford Uni- versity Press. http://dx.doi.org/10.1093/acprof:oso/9780199737208.003.0020

Wright, J. H., Basco, M. R., & Thase, M. E. (2006). *Learning cognitive–behavior ther- apy: An illustrated guide.* Washington, DC: American Psychiatric Publishing.

Yalom, I. D. (1980). *Existential psychotherapy.* New York, NY: Basic Books.

Young, J. E. (1990). *Cognitive therapy for personality disorders: A schema-focused approach.* Sarasota, FL: Professional Resource Exchange.

Young, J. E., Klosko, J. S., & Weishaar, M. E. (2003). *Schema therapy: A practitio- ner's guide.* New York, NY: Guilford Press.

Zeldow, P. B. (2009). In defense of clinical judgment, credentialed clinicians, and reflective practice. *Psychotherapy: Theory, Research, Practice, Training, 46,* 1–10. http://dx.doi.org/10.1037/a0015132

Zoellner, L. A., Abramowitz, J. S., Moore, S. A., & Slagle, D. M. (2009). Flood- ing. In W. T. O'Donohue & J. E. Fisher (Eds.), *General principles and empiri- cally supported techniques of cognitive behavior therapy* (2nd ed., pp. 300–308). Hoboken, NJ: Wiley.

Zubin, J., & Spring, B. (1977). Vulnerability—A new view of schizophrenia. *Journal of Abnormal Psychology, 86,* 103–126. http://dx.doi.org/10.1037/ 0021-843X.86.2.103

Zuckerman, M. (1999). *Vulnerability to psychopathology: A biosocial model* (pp. 25–83). Washington, DC: American Psychological Association. http:// dx.doi.org/10.1037/10316-002

Authorized translation from the English language edition, entitled Psychotherapy Case Formulation by Tracy D. Eells, published by American Psychological Association, Copyright ©2015.

All rights reserved. No part of this book may be reproduced or transmitted in any form or by any means, electronic or mechanical,including photocopying,recording or by any information storage retrieval system,without permission from American Psychological Association.

CHINESE SIMPLIFIED language edition published by CHINA RENMIN UNIVERSITY PRESS CO.,LTD., Copyright ©2025.

本书中文简体字版由美国心理学会授权中国人民大学出版社在中华人民共和国境内（不包括台湾地区、香港特别行政区和澳门特别行政区）出版发行。未经出版者书面许可，不得以任何形式复制或抄袭本书的任何部分。

版权所有，侵权必究。

北京阅想时代文化发展有限责任公司为中国人民大学出版社有限公司下属的商业新知事业部，致力于经管类优秀出版物（外版书为主）的策划及出版，主要涉及经济管理、金融、投资理财、心理学、成功励志、生活等出版领域，下设"阅想·商业""阅想·财富""阅想·新知""阅想·心理""阅想·生活"以及"阅想·人文"等多条产品线，致力于为国内商业人士提供涵盖先进、前沿的管理理念和思想的专业类图书和趋势类图书，同时也为满足商业人士的内心诉求，打造一系列提倡心理和生活健康的心理学图书和生活管理类图书。

《系统家庭治疗的刻意练习》

- 破译家庭互动密码，用刻意练习重塑系统疗愈力，助力咨询师提升系统思维和关系干预技能。
- 将家庭治疗中的技术进行总结、分解，通过刻意练习的方法从12个维度为心理治疗师提供了极具实操价值的训练方法和工具。

《认知行为疗法的刻意练习》

- 跨越理论与实践的鸿沟，掌握认知行为疗法精髓，刻意练习助你迈向卓越治疗师。
- 一本适合所有治疗师提升认知、行为、人际技能的操作手册。

《助人技术本土化的刻意练习》

- 对助人技术有破有立的本土化专业建构,将成为心理咨询去殖民化的重要里程碑。
- 《助人技术》作者克拉拉·E.希尔、著名心理学家徐钧专文做序。
- 徐凯文、贾晓明、王建平、李孟潮、段昌明、李明、严艺家、雷雨佳、李悦联袂推荐。

《情绪聚焦疗法的刻意练习》

- 对咨询师来说,阅读本书不但可以一窥 EFT "内功"之究竟,而且可以通过书中的练习,加以操练,既可以提升自我的身体与情绪的觉察力,又可以改善对他人的面部表情、肢体语言和声音变化的感知力,最终能够使自己的"全人"成为一个共鸣箱——与来访者的情感和身体共振的"器皿"。
- 中国首位国际 EFT 学会认证培训师、EFT 国际认证中国区负责人陈玉英博士以及美国路易斯安那理工大学心理学与行为科学系的谢东博士联袂推荐。

《爸爸向左，妈妈向右：离婚了，如何共同养育孩子》

- 美国 APA 第 29 分会主席（2017）、"APA 第 42 分会独立执业指导奖"获得者倾心之作。
- 实操性强。为离婚父母提供了 61 个练习和 48 条可活学活用的技巧，以帮助他们学会识别和处理离婚情绪，从而真正从"憎恨对方"的情绪中走出来，和共同养育者一起完成自孩子出生就布置给他们的这项艰巨任务。
- 钟思嘉、江光荣、孟馥、刘丹等 10 多位心理学专家联袂推荐。

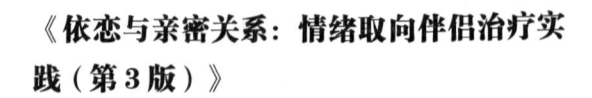

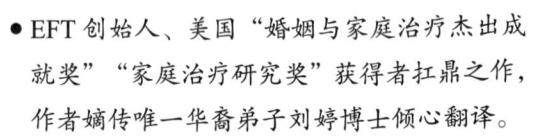

《依恋与亲密关系：情绪取向伴侣治疗实践（第 3 版）》

- EFT 创始人、美国"婚姻与家庭治疗杰出成就奖""家庭治疗研究奖"获得者扛鼎之作，作者嫡传唯一华裔弟子刘婷博士倾心翻译。
- 本书是经过重大修订与扩展的第 3 版，突显了自第 2 版以来以实证研究为基础的许多重大进展。
- "婚姻教皇"约翰·戈特曼博士、美国西北大学家庭研究所高级治疗师杰伊·L. 勒博博士、我国教育部长江学者特聘教授方晓义博士、华人心理治疗研究发展基金会执行长王浩威博士、实践大学家庭咨商与辅导硕士班谢文宜教授联袂推荐。